人工智能技术与应用

张 静◎著

山西出版传媒集团
三晋出版社

图书在版编目（CIP）数据

人工智能技术与应用 / 张静著. -- 太原 ： 三晋出
版社，2024. 9. -- ISBN 978-7-5457-3074-6

Ⅰ. TP18-49

中国国家版本馆CIP数据核字第2024FE2267号

人工智能技术与应用

著 者：张 静
责任编辑：张 路

出 版 者：山西出版传媒集团·三晋出版社
地 址：太原市建设南路21号
电 话：0351-4956036（总编室）
　　　　0351-4922203（印制部）
网 址：http://www.sjcbs.cn

经 销 者：新华书店
承 印 者：三河市恒彩印务有限公司

开 本：720mm×1020mm　1/16开本
印 张：10.5
字 数：150千字
版 次：2025年4月第1版
印 次：2025年7月第1次印刷
书 号：ISBN 978-7-5457-3074-6
定 价：60.00元

如有印装质量问题，请与本社发行部联系　电话：0351-4922268

前　言

当前,数字化浪潮方兴未艾,以大数据、云计算、人工智能为代表的新一代数字技术日新月异,催生了数字经济这一新的经济发展形态。多年来,消费互联网的充分发展为我国数字技术的创新、数字企业的成长以及数字产业的蓬勃发展提供了重要机遇。伴随着数字技术的融合应用以及我国供给侧结构性改革的不断深化,加快数字技术与实体经济融合发展已成为共识。

为此,国家已出台相关政策,强调传统产业数字化转型的重要性。2017年,党的十九大报告明确提出要"加快发展先进制造业,推动互联网、大数据、人工智能和实体经济深度融合"。2020年,国家出台《数字化转型伙伴行动倡议》《中小企业数字化赋能专项行动方案》,其中提出,"针对中小企业典型应用场景,鼓励创新工业互联网、5G、人工智能和工业App融合应用模式与技术,引导有基础、有条件的中小企业加快传统制造装备联网、关键工序数控化等数字化改造,应用低成本、模块化、易使用、易维护的先进智能装备和系统,优化工艺流程与装备技术,建设智能生产线、智能车间和智能工厂,实现精益生产、敏捷制造、精细管理和智能决策。"2021年国家出台《"十四五"数字经济发展规划》,提出要"高效布局人工智能基础设施,提升支撑'智能+'发展的行业赋能能力"。可见,在数字经济迅猛发展的背景下,传统产业以数字化转型为方向,实现质量变革、效率变革、动力变革是必然趋势,符合中国经济发展实际,对促进我国产业迈向中高端,具有十分重大的意义。

对于传统产业而言，数字化转型是利用数字技术进行全方位、多角度、全链条的改造过程，充分发挥数字技术在传统产业发展中的赋能引领作用，如通过人工智能、大数据、5G等新兴技术赋能传统产业。通过深化数字技术在生产、运营、管理和营销等诸多环节的应用，实现企业以及产业层面的数字化、网络化、智能化发展，不断释放数字技术对经济发展的放大、叠加、倍增作用。人工智能赋能传统产业转型卓有成效，以传统制造行业转型为例，一些传统企业通过实施智能制造试点示范项目，建设具有较高水平的数字化车间或智能工厂，有效提升了生产效率。相关数据显示，这些示范项目改造前后对比明显，生产效率平均提升37.6%、能源利用率平均提升16.1%、运营成本平均降低21.2%、产品研制周期平均缩短30.8%、产品不良率平均降低25.6%。可见，数字化转型可将制造优势与网络化、智能化相叠加，有利于提高生产制造的灵活度与精细性，实现柔性化、绿色化、智能化生产。因此，通过加强传统产业与人工智能的融合，促进企业应用人工智能技术联通生产、技术、人力等资源及市场、销售、前端设计各环节，来支撑AI场景快速落地，赋能传统产业高质量发展是必由之路。

目　录

第一章 人工智能理论基础

第一节 人工智能的起源与基本概念

一、人工智能的起源

人工智能始于20世纪50年代,大致分为三个发展阶段:第一阶段为20世纪40年代至20世纪70年代。这一阶段人工智能刚诞生,基于抽象数学推理的可编程数字计算机已经出现,符号主义(Symbolism)快速发展,但由于很多事物不能形式化表达,建立的模型存在一定的局限性。此外,随着计算任务的复杂性不断增加,人工智能发展一度遇到瓶颈;第二阶段为20世纪70年代至20世纪90年代末。在这一阶段,专家系统得到快速发展,数学模型有重大突破,但由于专家系统在知识获取、推理能力等方面的不足以及开发成本高等原因,人工智能的发展又一次进入低谷期;第三阶段为21世纪初至今。随着大数据的积聚、理论算法的革新、计算能力的提升,人工智能在很多应用领域取得了突破性进展,迎来了又一个繁荣时期。

长期以来,制造具有智能的机器一直是人类的梦想。早在1950年,图灵在《计算机器与智能》中就阐述了对人工智能的思考。他提出的图灵测试是机器智能的重要测量手段,后来还衍生出了视觉图灵测试等测试方法。1956年,“人工智能”这个词首次出现在达特茅斯会议上,标志着其作为一个研究领域正式诞生。人工智能发展潮起潮落的同时,基本思想可大致划分为四个流派:符号主义(Symbolism)、连接主义(Connectionism)、行为主义

（Behaviourism）和统计主义（Statisticsism）。这四个流派从不同侧面抓住了智能的部分特征，在"制造"人工智能方面都取得了里程碑式的成就。

1959年，Arthur Samuel 提出了机器学习的概念，机器学习将传统的制造演化为通过学习能力来获取智能，推动人工智能进入了第一次繁荣期。20世纪70年代末期专家系统的出现实现了人工智能从理论研究走向实际应用、从一般思维规律探索走向专门知识应用的重大突破，将人工智能的研究推向了新高潮。然而，机器学习的模型仍然是"人工"的，也有很大的局限性。随着专家系统应用的不断深入，其本身存在的知识获取难、知识领域窄、推理能力弱、实用性差等问题逐步暴露。从1976年开始，人工智能的研究进入长达6年的萧瑟期。

20世纪80年代中期，随着美国、日本立项支持人工智能研究以及以知识工程为主导的机器学习方法不断发展，出现了具有更强可视化效果的决策树模型和突破早期感知机局限的多层人工神经网络，由此带来了人工智能的又一次繁荣期。然而，当时的计算机难以模拟复杂度高及规模大的神经网络，仍有一定的局限性。1987年，由于LISP机市场崩塌，美国取消了人工智能预算，日本第五代计算机项目失败并退出市场，专家系统进展缓慢，人工智能又进入了萧瑟期。

1997年，IBM深蓝（Deep Blue）战胜国际象棋世界冠军Garry Kasparov。这是一次具有里程碑意义的成功，它代表了基于规则的人工智能的胜利。2006年，在Hinton和他的学生的推动下，深度学习开始备受关注，为后来人工智能的发展奠定了一定的基础。从2010年开始，人工智能进入爆发式的发展阶段，其最主要的驱动力是大数据时代的到来，运算能力及机器学习算法得到提高。人工智能快速发展，产业界也开始不断涌现出新的研发成果：2011年，IBM Waston在综艺节目《危险边缘》中战胜了最高奖金得主和连胜纪录保持者；2012年，谷歌大脑通过模仿人类大脑在没有人类指导的情况下，利用非监督深度学习方法从大量视频中成功学习到识别出一只猫的能力；2014年，微软公司推出了一款实时口译系统，可以模仿说话者的声音并保留其口音；2014年，微软公司发布全球第一款个人智能助理微软小娜；2014年，亚马逊发布迄今为止最成功的智能音箱产品Echo和个人助手

Alexa；2016年，谷歌AlphaGo机器人在围棋比赛中击败了世界冠军李世石；2017年，苹果公司在原来个人助理Siri的基础上推出了智能私人助理Siri和智能音箱HomePod。

目前，世界各国都非常重视人工智能的发展。2017年6月29日，首届世界智能大会在天津召开。中国工程院院士潘云鹤在大会主论坛作了题为《中国新一代人工智能》的主题演讲，报告中概括了世界各国在人工智能研究方面的战略；2016年5月，美国白宫发表了《为人工智能的未来做好准备》；英国在2016年12月发布了《人工智能：未来决策制定的机遇和影响》；法国在2017年4月制定了《国家人工智能战略》；德国在2017年5月颁布了全国第一部自动驾驶的法律；在中国，据不完全统计，2023年运营的人工智能公司已超过400家，行业巨头百度、腾讯、阿里巴巴等都不断在人工智能领域发力。从数量、投资等角度来看，自然语言处理、机器人、计算机视觉成为人工智能最为热门的三个产业方向。

二、人工智能的基本概念

（一）人工智能的概念

人工智能作为一门前沿交叉学科，其定义一直有不同的观点：《人工智能——一种现代方法》中将已有的一些人工智能定义为四类：像人一样思考的系统、像人一样行动的系统、理性地思考的系统以及理性地行动的系统。维基百科上定义"人工智能就是机器展现出的智能"，即只要是某种机器，具有某种或某些"智能"的特征或表现，都应该算作"人工智能"。《大英百科全书》则限定人工智能是数字计算机或者数字计算机控制的机器人在执行智能生物体才有的一些任务上的能力。百度百科定义人工智能是"研究开发用于模拟、延伸和扩展人的智能的理论、方法、技术及应用系统的一门新的技术科学"，将其视为计算机科学的一个分支，指出其研究包括机器人、语言识别、图像识别、自然语言处理和专家系统等。

人工智能的定义对人工智能学科的基本思想和内容做出了解释，即围绕智能活动而构造的人工系统。人工智能是知识的工程，是机器模仿人类利用知识完成一定行为的过程。根据人工智能是否能真正实现推理、思考和解决问题,可以将人工智能分为弱人工智能和强人工智能。

弱人工智能是指不能真正实现推理和解决问题的智能机器,这些机器表面看像是智能的,但是并不真正拥有智能,也不会有自主意识。迄今为止的人工智能系统都还是实现特定功能的专用智能,而不是像人类智能那样能够不断适应复杂的新环境并不断涌现出新的功能,因此都还是弱人工智能。目前的主流研究仍然集中于弱人工智能,并取得了显著进步,如语音识别、图像处理和物体分割、机器翻译等方面取得了重大突破,甚至可以接近或超越人类水平。

强人工智能是指真正能思维的智能机器,并且认为这样的机器是有知觉和自我意识的,这类机器可分为类人(机器的思考和推理类似人的思维)与非类人(机器产生了和人完全不一样的知觉和意识,使用和人完全不一样的推理方式)两大类。从一般意义来说,达到人类水平的、能够自适应地应对外界环境挑战的具有自我意识的人工智能称为"通用人工智能""强人工智能"或"类人智能"。强人工智能不仅在哲学上存在巨大争论(涉及思维与意识等根本问题的讨论),在技术上的研究也具有极大的挑战性。强人工智能当前鲜有进展,美国私营部门的专家及国家科技委员会比较支持的观点是,至少在未来几十年内难以实现。

靠符号主义、连接主义、行为主义和统计主义这四个流派的经典路线就能设计制造出强人工智能吗? 其中一个主流看法是:即使有更高性能的计算平台和更大规模的大数据助力,也还只是量变,不是质变,人类对自身智能的认识还处在初级阶段,在人类真正理解智能机理之前,不可能制造出强人工智能。理解大脑产生智能的机理是脑科学的终极性问题,绝大多数脑科学专家都认为这是一个数百年乃至数千年甚至永远都解决不了的问题。

通向强人工智能还有一条"新"路线,这里称为"仿真主义"。这条新路线通过制造先进的大脑探测工具从结构上解析大脑,再利用工程技术手段构造出模仿大脑神经网络基元及结构的仿脑装置,最后通过环境刺激和交互训练仿真大脑实现类人智能,简言之,"先结构,后功能"。虽然这项工程也十分困难,但其是有可能在数十年内解决的,而不像"理解大脑"这个科学问题那样遥不可及。

仿真主义可以说是符号主义、连接主义、行为主义和统计主义之后的第五个流派,和前四个流派有着千丝万缕的联系,也是前四个流派通向强人工智能的关键一环。经典计算机的核心是基于数理逻辑的开关电路系统,采用冯·诺依曼体系结构,可以作为逻辑推理等专用智能的实现载体。但要靠经典计算机不可能实现强人工智能。要按仿真主义的路线"仿脑",就必须设计制造全新的软硬件系统,这就是"类脑计算机",或者更准确地称为"仿脑机"。"仿脑机"是"仿真工程"的标志性成果,也是"仿脑工程"通向强人工智能之路的重要里程碑。

(二)人工智能的特征

1.由人类设计,为人类服务,本质为计算,基础为数据。从根本上说,人工智能系统必须以人为本,这些系统是人类设计出的机器,按照人类设定的程序逻辑或软件算法通过人类发明的芯片等硬件载体来运行或工作,其本质体现为计算,通过对数据的采集、加工处理、分析和挖掘,形成有价值的信息流和知识模型,来为人类提供延伸其能力的服务,实现对人类期望的一些"智能行为"的模拟,在理想情况下必须体现服务人类的特点,而不应该伤害人类,特别是不应该有目的性地做出伤害人类的行为。

2.能感知环境,能产生反应,能与人交互,能与人互补。人工智能系统应能借助传感器等器件获得对外界环境(包括人类)进行感知的能力,可以像人一样通过听觉、视觉、嗅觉、触觉等接收来自环境的各种信息,对外界输入产生文字、语音、表情、动作(控制执行机构)等必要的反应,甚至影响到环境或人类。借助于按钮、键盘、鼠标、屏幕、手势、体态、表情、力反馈、虚拟现实、增强现实等方式,人与机器可以产生交互与互动,使机器设备越来越"理解"人类乃至与人类共同协作、优势互补。这样,人工智能系统能够帮助人类做人类不擅长、不喜欢但机器能够完成的工作,而人类则适合去做更需要创造性、洞察力、想象力、灵活性、多变性乃至用心领悟或需要感情的一些工作。

3.有适应特性,有学习能力,有演化迭代,有连接扩展。人工智能系统在理想情况下应具有一定的自适应特性和学习能力,即具有一定的随环境、数据或任务变化而自适应调节参数或更新优化模型的能力;并且能够在此基础上通过与云、端、人、物越来越广泛、深入的数字化连接扩展,实现机器客体乃至人类主体的演化迭代,以使系统具有适应性、稳健性、灵活性、扩展性,来应对不断变化的现实环境,从而使人工智能系统在各行各业得到广阔应用。

第二节 人工智能的研究内容

一、人工智能的本质

对人工智能的理解因人而异。一些人认为,人工智能是通过非生物系统实现的任何智能形式的同义词,他们坚持认为,智能行为的实现方式与人类智能实现的机制是否相同是无关紧要的。而另一些人则认为,人工智能系统必须能够模仿人类智能。在理解人工智能以前,我们应首先理解人类如何获得智能行为(我们必须从智力、科学、心理和技术意义上理解被视为智能的活动),这对我们才是大有裨益的。例如,如果我们想要开发一个能够像人类一样行走的机器人,那么首先必须从各个角度了解行走的过程,但是不能通过不断地声明和遵循一套规定的正式规则来完成运动。事实上,人们越要求人类专家解释他们如何在学科或事业中获得了如此表现,这些人类专家就越可能失败。例如,当人们要求某些战斗机飞行员解释他们的飞行能力时,他们的表现实际上会变差。专家的表现并不来自不断地、有意识地分析,而是来自大脑的潜意识层面。

想象一下力学教授和独轮脚踏车手的故事。当力学教授试图骑独轮车时,如果人们要求教授引用力学原理,并将他成功地骑在独轮车上这个能力归功于他知道这些原理,那么他注定要失败。同样,如果独轮脚踏车手试图学习这些力学知识,并在他展现车技时应用这些知识,那么他也注定要失败,也许还会发生悲剧性的事故。许多学科的技能和专业知识是在人类的潜意识中发展和存储的,而不是通过明确地记忆或使用基本原理来学会这些技能的。

在日常用语中,"人工"一词的意思是合成的(人造的),这通常具有负面含义,即人造物体的品质不如自然物体。但是,人造物体通常优于真实物体或自然物体。例如,人造花是用丝和线制成的类似芽或花的物体,它不需要以阳光或水分作为养料,却可以为家庭或公司提供实用的装饰功能。虽然人造花给人的感觉以及香味可能不如自然的花朵,但它看起来和真实的花朵如出一辙。

另一个例子是由蜡烛、煤油灯或电灯泡产生的人造光。显然,只有当太阳出现在天空时,我们才可以获得阳光,但我们随时都可以获得人造光,从这点来讲,人造光是优于自然光的。

最后,思考一下,人工交通工具(如汽车、火车、飞机和自行车)与跑步、步行和其他自然形式的交通(如骑马)相比,在速度和耐久性方面有很多优势。但是,人工形式的交通也有一些显著的缺点,如地球上无处不在的高速公路充满了汽车尾气,人们内心的宁静(以及睡眠)常常被飞机的喧嚣打破。

如同人造光、人造花和交通一样,人工智能不是自然的,而是人造的。要确定人工智能的优点和缺点,必须首先从本质上理解和定义智能。

二、思维与智能

智能的定义可能比人工的定义更难以捉摸。美国心理学家斯腾伯格(Stemberg)就人类意识这个主题给出了以下有用的定义:智能是个人从经验中学习、理性思考、记忆重要信息以及应对日常生活需求的认知能力。

用一个我们都很熟悉的标准化测试问题,如给定以下数列:1,3,6,10,15,21,要求提供下一个数字。

你也许会注意到连续数字之间的差值的间隔为1。例如,从1到3差值为2,从3到6差值为3,以此类推。因此问题的正确答案是28。这个问题旨在衡量我们在模式中识别突出特征方面的熟练程度,我们通过经验来发现模式。

既然已经确定了智能的定义,那么你可能会有以下的疑问:如何判定一些人(或事物)是否有智能?动物是否有智能?如果动物有智能,如何评估它们的智能?

大多数人可以很容易地回答出第一个问题。我们通过与其他人交流(如做出评论或提出问题)来观察他们的反应,每天多次重复这一过程,以此来评估他们的智力。虽然我们没有直接进入他们的思想,但是通过问答这种间接的方式,可以为我们提供他们内部大脑活动的准确评估。

如果坚持使用问答的方式来评估智力,那么如何评估动物智力呢?如果你养过宠物,那么你可能已经有了答案。例如,小狗在晚餐时间听到开罐头的声音时常常表现得很兴奋,这只是简单的巴甫洛夫反射的问题,还是小狗有意识地将罐头的声音与晚餐的快乐联系起来了?

关于动物智力,有一则有趣的轶事:大约在1900年,德国柏林有一匹马,人称"聪明的汉斯",据说这匹马精通数学。当汉斯做加法或计算平方根时,观众都惊呆了。此后,人们观察到,如果没有观众,汉斯的表现不会很出色。事实上,汉斯的才能在于它能够识别人类的情感,而非精通数学。

马一般都具有敏锐的听觉,当汉斯接近正确的答案时,观众们都变得相对兴奋,心跳加速。也许,汉斯有一种出奇的能力,它能够检测出这些变化,从而获得正确的答案。虽然你可能不愿意把汉斯的这种行为归于智能,但在得出结论之前,你应该参考一下斯腾伯格早期对智能的定义。

有些生物只体现出群体智能。例如,蚂蚁是一种简单的昆虫,单只蚂蚁的行为很难归类在人工智能的主题中。但是,蚁群对复杂的问题显示出了非凡的解决能力,如从巢到食物源之间找到一条最佳路径、携带重物以及架起桥梁等。集体智慧源于个体昆虫之间的有效沟通。

脑的质量大小以及脑与身体的质量比通常被视为动物智能的指标。海豚在这两个指标上都与人类相当。海豚的呼吸是自主控制的,这可以说明其脑的质量大,还可以说明一个有趣的事实,即海豚的两个半脑交替休眠。在动物自我意识测试中,如镜子测试,海豚得到了很好的分数,它们认识到镜子中的影像实际上是它们自己的形象。海洋世界等公园的游客可以看到,海豚可以玩复杂的戏法。这说明海豚具有记住序列和执行复杂身体运动的能力。使用工具是智能的另一个"试金石",并且这常常用于将直立人与先前的人类祖先区别开来。海豚与人类都具备这个特质。例如,在觅食时,海豚使用深海海绵(一种多细胞动物)来保护它们的嘴。显而易见,智能不是人类独有的特性。在某种程度上,许多生命是具有智能的。

你应该问自己以下问题:"你认为有生命是拥有智能的必要先决条件吗?"或"无生命物体,如计算机,可能拥有智能吗?"人工智能宣称的目标是创建可以与人类的思维媲美的计算机软件和(或)硬件系统,换句话说,即表现出与人类智能相关的特征。

一个关键的问题是"机器能思考吗?"更一般地来说,你可能会问,"机器拥有智能吗?"

在这个节点上,强调思考和智能之间的区别是明智的。思考是推理、分析、评估和形成思想和概念的工具,但并不是所有能够思考的物体都有智能。智能也许就是高效以及有效的思维。许多人对待这个问题时怀有偏见,他们说:"计算机是由硅和电源组成的,因此不能思考。"或者走向另一个极端:"计算机计算速度表现得比人快,因此也有着比人更高的智商。"真相很可能存在于这两个极端之间。

正如我们所讨论的,不同的动物物种具有不同程度的智能。因此,人工智能领域开发的软件和硬件系统,它们也具有不同程度的智能。我们对评估动物的智商不太关注,尚未发展出标准化的动物智商测试,但是对确定机器智能是否存在的测试非常感兴趣。

也许拉斐尔(Raphael)的说法最贴切:"人工智能是一门科学,这门科学让机器做需要智能才能完成的事。"

第三节 人工智能的发展演变

一、人工智能的发展历程

(一)起始阶段(20世纪40至50年代)

这段时期被认为是人工智能的起始阶段。神经学家沃伦·麦卡洛克(Warren McCulloch)和沃尔特·皮茨(Walter Pitts)在1943年发表的名为《神经活动中内在思想的逻辑演算》的论文中引入了第一个生物神经元的数学模型——人工神经元。这实际上是一个二进制的神经元,输出只能是0和1。为了计算输出结果,神经元计算了其输入(和其他人工神经元的输入类似,也是0或1)的加权和,然后使用了一个阈值激励函数:若加权和超过某一数值,则神经元的输出为1,反之为0。

人工神经元通常具有几个输入和一个输出,分别对应生物神经元的树突和突触锥(轴突的起点)。突触的兴奋和抑制由每个相关输入的权重系数表示,根据每次神经元活动所取得的结果,这些对应每个输入的权重系数会得到更新(增加表示兴奋,减少表示抑制)。最终,这也形成了一种类型的学习。1956年,多名计算机科学家在达特茅斯会议上共同提出了人工智能的概念,该次会议主要关注智能及"智能"机器的概念。

(二)蓬勃发展阶段(20世纪60年代)

这段时期人工智能蓬勃发展,不少新观点不断涌现,而且开发了大量的程序以解决各种各样的问题,如证明数学定律、下棋、解谜、开始尝试机器翻译等。

(三)深入发展阶段(20世纪70至90年代)

1.20世纪70年代。这一时期的计算机计算能力有限,人工智能程序运行起来非常慢,从而缺乏有说服力的实例,而且实现起来也非常困难。另外,在《感知机》一书中,明斯基(Minsky)和帕珀特(Papert)表示当时的神经网络无法获取一些非常简单的功能(如区分两个二进制数),这也导致人工智能的这一分支进入了"危机",而且整个自动学习领域也受到了质疑。

2.20世纪80年代。随着专家系统的出现,质疑逐渐褪去,人工智能也重新吸引了人类的目光。专家系统是利用知识和推理过程来解决问题的智能计算机程序,而这些问题对人类而言解决起来是非常困难的,需要具有深厚的专业素养。例如,利用450条规则,分析病毒感染的专家系统对感染的分析结果能够接近人类专家的水平。

3.20世纪90年代。人们利用"反向传播"学习规则(期望输出和实际输出间存在误差,利用权重在逐个神经元中的应用,从输出到输入进行反向传播)的"重新发现"(初次发现在20世纪60年代末,但那时成果甚微),围绕神经网络进行了很多工作。

(四)全面发展阶段(21世纪初至今)

如今,人工智能被越来越多的人所接受,而且基于以下两个重要发展"渗透"到了企业中:①图形处理器(GPU)的使用代替了计算机中常见的中央处理器。GPU在图形处理方面有特殊优势,且允许并行运算。用一个GPU代表一个神经元,目前有包含成百上千个GPU的平台,它们的结构和神经元类似。例如,IBM公司的Truenorth芯片包含54亿个晶体管,且构建了100万个神经元和2.56亿个突触;②全球互联网和联网设备的持续数字化,为大数据提供了来源,而大数据则成为这些算法赖以生存的原材料。

这两个方面的结合,成为人工智能的催化剂,人工智能所覆盖的领域如游戏、医药、交通、家居自动化以及个人助理等越来越广。

二、人工智能的早期历史

一直以来,构建智能机器就是人类的梦想。古埃及人采用了"捷径"——他们建了雕像,让牧师隐藏其中,然后由这些牧师试着向民众提供"明智的建议"。不幸的是,这种类型的骗局不断出现在整个人工智能的历史中。这个领域试图成为人们所接受的科学学科——人工知识界,却因此类骗局的出现而使其变得鱼龙混杂。

最强大的人工智能基础来自古希腊哲学家亚里士多德（Aristotle）建立的逻辑前提。亚里士多德建立了科学思维和训练有素的思维模式，这成了当今科学方法的标准。他对物质和形式的区分是当今计算机科学中最重要的概念之一，他是数据抽象的先行者。数据抽象将方法（形式）与封装方法的外壳区别开来，或将概念的形式与其实际表示区分开来。

亚里士多德强调了人类推理的能力，他坚持认为这个能力将人类与所有其他生物区分开来。任何制造人工智能机器的尝试都需要这种推理能力。这就是19世纪英国逻辑学家乔治·布尔（George Boolea）研究的工作——定义了逻辑的代数系统如此重要的原因。他所建立的表达逻辑关系的系统后来被称为布尔代数。

13世纪的西班牙隐士和学者卢尔可能是第一个尝试机械化人类思维过程的人。他的研究工作早于布尔500多年。卢尔是一名虔诚的基督徒，为了证明基督教的教义是真的，他建立了一套基于逻辑的系统。

在卢尔所著的《伟大的艺术》一书中，他用几何图和原始逻辑装置实现这个目标。他的著作启发了后来的先驱者，其中就包括德国数学家威廉·莱布尼茨（Wilhelm Leibniz）。莱布尼茨凭借自身的努力成了伟大的数学家和哲学家，他将卢尔的想法推进了一步：他认为可以建立一种"逻辑演算"或"通用代数"，这种"逻辑演算"可以解决所有的逻辑论证，并可以推理出几乎任何东西。他声明，所有的推理只是字符的结合和替代，无论这些字符是字、符号还是图片。

两个多世纪后，美籍奥地利数学家库尔特·戈德尔（Kurt Godel）证明了莱布尼茨的目标过于乐观。他证明了任何一个数学分支，只使用本数学分支的规则和公理，即使这本身是完备的，也总是包含了一些不能被证明为真或假的命题。伟大的法国哲学家勒内·笛卡尔（Rene Descartes）在《第一哲学沉思录》一书中，通过认知内省解决了物理现实的问题。他通过思想的现实来证明自己的存在，最终提出了著名的"我思故我在"的哲学命题。这样，笛卡尔和追随他的哲学家建立了独立的心灵世界和物质世界。最终，这促成了一个观点的提出，即身心在本质上是相同的。

世界上第一个真正的逻辑机器是由英国第三代斯坦霍普伯爵查尔斯·斯坦霍普制造的。斯坦霍普演示器大约在1775年完成，它是由两片透明玻璃制成的彩色幻灯片，一片为红色，另一片为灰色，用户可以将幻灯片推入盒子侧面的插槽内。借助操作演示器，用户可以验证简单演绎论证的有效性，这个简单的演绎论证涉及两个假设和一个结论。尽管这个机器有其局限性，但斯坦霍普演示器是机械化思维过程的第一步。英国数学家巴贝奇（Charles Babbage）是一位有才华的多产发明家，他设计的分析机是世界上第一台可编程的计算机，但是因为没有足够的资金支持，最终这个分析机没有被制造出来。

巴贝奇设计的分析机可以执行不同的任务，这些任务需要人类的思维，如博弈的技能。巴贝奇与他的合作者——洛甫雷斯伯爵夫人一起，设想分析机可以使用抽象的概念，也可以使用数字进行推理。人们认为洛甫雷斯伯爵夫人是世界上第一位程序员。她是拜伦勋爵的女儿，并且ADA编程语言就是以她的名字来命名的。

后来，人们为了纪念巴贝奇，制造出了他所设计的分析机。巴贝奇设计的分析机至少比第一个国际象棋程序编写的时间早100年。他肯定意识到了设计一台机械下棋设备在逻辑和计算方面的复杂程度。

乔治·布尔的工作对人工智能的基础确立以及对逻辑定律的数学形式化非常重要——逻辑定律的数学形式化提供了计算机科学的基础。布尔代数为逻辑电路的设计提供了大量的信息。布尔建立系统的目标，与现代的人工智能研究者的目标非常接近。

布尔系统非常简单和正规，发挥了逻辑的全部作用，是其后所有系统的基础。

美国数学家克劳德·香农（Claude Shannon）是公认的"信息科学之父"。他关于符号逻辑在继电器电路上的应用方面的开创性论文，是以他在麻省理工学院的硕士论文——《继电器和开关电路的符号分析》为基础的。他的开创性的工作对电话和计算机的运行都很重要。香农通过计算机学习和对博弈的研究，在人工智能领域做出贡献。关于计算机国际象棋，他所写的突破性论文对这个领域影响深远。

Nimotron 建造于 1938 年，是第一台可以完整地完成技能游戏的机器。它由爱德华·康登（Edward Condon）、杰拉德·特沃尼（Gerald Twoney）和威拉德·德尔（Willard Derr）设计，并申请了专利，可以进行 Nim 游戏。他们开发出了一个算法，在任何一个棋局中，都可以得到最好的下棋步骤，这是机器人技术的前奏。

托雷斯·克韦多（Torresy Quevedo）是一名多产的西班牙发明家，他创建了第一个基于规则的系统，该规则是以 3 枚棋子的相对棋局位置为基础的。他将该系统应用于他所发明的机器中。

康拉德·楚泽（Konrad Zuse）是德国人，他发明了第一台数字计算机。楚泽最初致力于纯数字运算，他认识到工程和数学逻辑之间的联系，并明白了布尔代数中的计算与数学中的命题演算是相同的。他为继电器开发了一个相对应的条件命题——布尔代数系统，因为在人工智能中，许多工作基于能够操作的条件命题，所以我们可以看到其工作的重要性。他在逻辑电路方面的工作比香农撰写的硕士论文早了几年。楚泽认识到需要一种高效和庞大的存储器，并基于真空管和机电存储器改进了计算机，他称这些计算机为 Z1、Z2 和 Z3。人们普遍接受 Z3（1941 年 5 月 12 日）是世界上第一台电磁式、可靠的、可自由编程的工作计算机。

三、人工智能的近期历史

（一）博弈

博弈激起了人们对人工智能的兴趣，促进了人工智能的发展。1959年，美国麻省理工学院工程师亚瑟·塞缪尔（Arthur Samuel）在跳棋博弈方面的著作是其早期工作的一个亮点。他的程序基于 50 张策略表格，用于与不同版本的自身进行博弈。在一系列比赛中失败的程序将采用获得胜利的程序的策略。但这个程序却从未掌握如何博弈。几个世纪以来，人们一直试图让机器进行国际象棋的博弈，人类对国际象棋机器的迷恋可能源于普遍接受的观点，即只有够聪明，才能更好地博弈。1959年，纽威尔（Newell）、西蒙（Simon）和肖思（Shawn）开发了第一个真正的国际象棋博弈程序，这个程序遵循香农—图灵模式。理查德·格林布拉特(Richard Greenblatt)编写了第一个俱乐部级别的国际象棋博弈程序。

20世纪70年代,计算机国际象棋程序稳步前进,到20世纪70年代末,程序达到了专家级别。1983年,美国计算机科学学者、软件工程师肯·汤普森(Ken Thompson)开发的Belle是第一个正式获得大师级水平的程序。随后,来自卡内基梅隆大学的Hitech也获得了成功,它作为第一个大师级(超过2500分)的程序,成了一个重要的里程碑。不久之后,程序Deep Thought(来自卡内基梅隆大学)也被开发出来,并且成了第一个能够稳定打败国际特级大师的程序。20世纪90年代,当IBM公司接管这个项目时,Deep Thought进化成了Deep Blue(深蓝)。在1996年的费城,世界冠军加里·卡斯帕罗夫(Garry Kasparov)"拯救了人类",在6场比赛中,他以4:2的比分打败了深蓝。然而,1997年,在对抗Deep Blue的后继者Deeper Blue的比赛中,卡斯帕罗夫以2.5:3.5败给了Deeper Blue,国际象棋界为之震动。在随后的6场比赛中,Deeper Blue在对抗卡斯帕罗夫、克拉姆尼克和其他世界冠军级别的棋手的过程中,表现得很出色。虽然人们普遍同意这些程序可能依然略逊于最好的人类棋手,但是大多数人愿意承认,顶级程序与最有成就的人类棋手博弈不分伯仲(如果人们想起图灵测试),并且毫无疑问,在未来某个时间,程序很可能会夺取国际象棋比赛的世界冠军。

1989年,加拿大埃德蒙顿阿尔伯塔大学的乔纳森·舍弗尔(Jonathan Schaffer)开始了利用程序Chinook征服跳棋游戏的进程。1992年,在对战长期占据跳棋世界冠军宝座的马里恩·廷斯利(Marion Tinsley)的一场40回合的比赛中,Chinook以34局平局、2局胜、4局负输了比赛。1994年,廷斯利由于健康原因主动放弃比赛,他们的比赛没有再继续。从那时起,舍弗尔及其团队努力求解如何博弈残局(只有8枚棋子或更少棋子的残局)以及从开局就开始的博弈。

使用人工智能技术的其他博弈游戏包括西洋双陆棋、扑克、桥牌、奥赛罗和围棋(通常称为"人工智能的新果蝇")等。

(二)专家系统

人们对某些领域的研究几乎与人工智能本身的历史一样长,专家系统就是其中之一。这是在人工智能领域可以称得上获得巨大成功的一门学科。专家系统具有许多特性,这使得它适合于人工智能研究和开发。这些特性包括了知识库与推理机的分离,系统知识超过了任何专家或所有专家的总和,知识与搜索技术的关系,推理以及不确定性。

最早也是最常提及的系统之一是使用启发法的DENDRAL,建立这个系统的目的是基于质谱图鉴定未知的化合物。DENDRAL是斯坦福大学开发的,目的是对火星土壤进行化学分析。这是最早的专家系统之一,表明了编码特定学科领域专家知识的可行性。

MYCIN也许称得上是最著名的专家系统,这个系统也是由斯坦福大学开发的。MYCIN是为了方便传染性血液疾病的研究而开发的。然而,比其领域更重要的是,MYCIN为所有未来基于知识系统的设计树立了一个典范。MYCIN有超过400条的规则,最终斯坦福医院让它与高级专科住院实习医生对话,对其进行培训。20世纪70年代,斯坦福大学开发了PROSPECTOR,用于矿物勘探。PROSPECTOR也是早期有价值地使用推理网络的例子。

20世纪70年代之后,其他著名的成功系统有:大约有10000条规则的XCON,它用于帮助配置VAX计算机上的电路板;GUIDON是一个辅导系统,它是MYCIN的一个分支。TEIRESIAS是MYCIN的一个知识获取工具。道格·雷纳特(Doug Lenat)的人工数学家系统是20世纪70年代研究和开发工作另一个重要的结果。此外还有用于在不确定性条件下进行推理的证据理论以及扎德在模糊逻辑方面所做的工作。

自20世纪80年代以来,人们在配置、诊断、指导、监测、规划、预后、补救和控制等领域已经开发了数千个专家系统。今天,除了独立的专家系统之外,出于控制的目的,还有许多专家系统已经被嵌入其他软件系统,包括那些在医疗设备和汽车中的软件系统。

(三)神经计算

美国神经科学家麦卡洛克(Mcculloch)和他的助手皮茨(Pitts)在神经计算方面进行了早期研究。他们试图理解动物神经系统的行为,但他们的人工神经网络(ANN)模型有一个严重的缺点,即它不包括学习机制。

美国康奈尔大学的弗兰克·罗森布拉特(Frank Rosenblatt)教授开发了一种被称为感知器学习规则的迭代算法,以便在单层网络(网络中的所有神经元直接连接到输入)中找到适当的权重。在这个新兴学科中,由于美国麻省理工学院明斯基(Marvin Minsky)和帕尔特(Seymour Papert)教授声明某些问题不能通过单层感知器解决,如异或(XOR)函数,因此该研究遭遇了重重阻碍。在此声明宣布之后,神经网络研究受到了严重削弱。

20世纪80年代初期,由于霍普菲尔德的工作,这个领域见证了第二次爆发式的发展。他的异步网络模型使用能量函数找到了非确定性多项式(NP)完全问题的近似解。20世纪80年代中期,人工智能领域也见证了反向传播的发现,这是一种适合于多层网络的学习算法。人们一般采用基于反向传播的网络来预测道琼斯的平均值以及在光学字符识别系统中读取印刷材料。神经网络也用于控制系统。ALVINN是卡内基梅隆大学的项目,这项工作的一个直接应用是,无论何时,当车辆偏离车道时,系统都会提醒由于缺乏睡眠或其他条件而使判断力受到削弱的驾驶员。

(四)进化计算

人们笼统地将智能优化算法归类为进化计算。遗传算法使用概率和并行性来解决组合问题,也称为优化问题。这种搜索方法是由美国心理学家约翰·霍兰德(John Holland)开发的。然而,进化计算不仅仅涉及优化问题。麻省理工学院计算机科学和人工智能实验室的前主任罗德尼·布鲁克斯(Rodney Brooks)放弃了基于符号的方法,转用自己的方法成功地创造了一个媲美人类水平的人工智能,他巧妙地将这个人工智能称为"人工智能研究的圣杯"。布鲁克斯认为,智能体通过与环境进行交互才会出现智能。他最著名的成就就是在实验室里制造出了类似昆虫的机器人,这体现了这种智能哲学。

(五)自然语言处理

如果我们希望建立智能系统,就要求系统拥有方便人类理解的语言,使其看起来很自然。约瑟夫·维森鲍姆(Joseph Weizenbaum)开发的Eliza和特里·维诺格拉德(Terry Winograd)开发的SHRDLU是两个著名的早期语言应用程序。

约瑟夫·维森鲍姆是麻省理工学院的计算机科学家,他与斯坦福大学的精神病医师肯尼斯·科尔比(Kenneth Colby)一起工作,共同开发了Eliza程序。Eliza旨在模仿卡尔·罗杰斯(Carl Rogers)学派的精神病学家所起的作用。例如,如果用户键入"我感到疲劳",Eliza可能会回答:"你说你觉得累了。请告诉我更多内容。"这种"对话"将会以某种方式继续,在对话的原创性方面,机器很少做出贡献或没有贡献。精神分析师可能会通过这种方式,希望患者能发现他们真实的(也许是隐藏的)感受。同时,Eliza仅通过模式匹配假装类似人类的交互。

让人好奇的是,维森鲍姆的学生和普通公众对和Eliza的互动充满了兴趣,即使他们完全意识到Eliza只是一个程序,这令维森鲍姆感到非常不安。同时,精神病医师科尔比仍然致力于该项目,并写出了一个成功的程序(称为DOCTOR)。Eliza对自然语言处理(NLP)的贡献不大,因为这种软件只是假装拥有人类能够感知情绪的能力,而这种能力也许是人类硕果仅存的"特殊性"了。

NLP的下一个里程碑不会引起任何争议。特里·维诺格拉德开发了SHRDLU,这是他的麻省理工学院博士论文的项目。SHRDLU使用意义、语法和演绎推理来理解和响应英语命令。它的对话世界,是在一个桌面上放着各种形状、大小和颜色的积木。

机器人手臂可以与这个桌面互动,实现各种目标。例如,如果要求SHRDLU举起一个红色积木,在这个红色的积木上有一个小绿色积木,它知道在举起红色积木之前,必须先移除绿色积木。与Eliza不同,SHRDLU能够理解英语命令并做出适当的回应。

HEARSAY是一个雄心勃勃的语音识别程序,这个程序采用了黑板架构,在黑板架构中,组成语言的各种组件(如语音和短语)的独立知识源(智能体)可以自由通信,并使用语法和语义裁剪掉不可能的单词组合。

在这些成功的自然语言程序中,解析发挥了不可或缺的作用。SHRDLU采用上下文无关的语法解析英语命令。上下文无关的语法提供了处理符号串的句法结构。然而,为了有效地处理自然语言,还必须考虑到语义。

前面提到的早期语言的处理系统,在某种程度上采用的都是世界知识。然而,20世纪80年代后期,NLP进步的最大障碍是常识的问题。例如,虽然在NLP和人工智能的特定领域有了许多成功的方案,但它们经常被批评只是微观世界,即程序没有一般的现实世界的知识或常识。

例如,虽然程序可能知道很多关于特定场景的知识,如在餐馆订购食物,但是它没有男女服务员是否还活着或者他们是否穿着工作的衣服这些知识。

最近,NLP领域出现了一个重大模式转变。在这种相对较新的方法中,统计方法控制着句子的语法分析树,而不是世界知识。

学者查尼阿克(Charniak)描述了如何增强上下文无关的语法,赋予每个规则相关概率。例如,这些相关概率可以从宾州树库(Penn Treebank)中获取。宾州树库包含了手动解析的超过一百万单词的英语文本,这些文本大部分来自《华尔街日报》。查尼阿克演示了这种统计方法如何成功地解析《纽约时报》首页的一个句子。

(六)生物信息学

生物信息学是新生学科,是将计算机科学的算法和技术应用于分子生物学中的学科,主要关注生物数据的管理和分析。在结构基因组学中,人们尝试为每个观察到的蛋白质指定一个结构。自动发现和数据挖掘可以帮助人们实现这种追求。学者胡里斯卡和格拉斯哥演示了基于案例的推理,能够协助发现每个蛋白质的代表性结构。

对于可获得的数据,不论在其种类上还是数量上,都对微生物学家造成了重负,这要求他们完全基于庞大的数据库来理解分子序列、结构和数据。许多研究人员认为,实践将证明来自知识表示和机器学习的人工智能技术是大有用处的。

四、人工智能的最新发展

人工智能是一门独特的学科，允许我们探索未来生活的诸多可能性。在人工智能短暂的历史中，其所获得的成果已经被纳入计算机科学的标准技术中。例如，在人工智能研究中产生的搜索技术和专家系统，并且这些技术现在都嵌入到许多控制系统、金融系统和基于Web的应用程序中。

今天，人们活到八九十岁都并不罕见，人类寿命将继续延长。医疗加上药物、营养以及关于人类健康的知识将继续取得显著进步，从而成为人类寿命延长的主要原因。此外，先进的义肢装置将帮助残疾人在较少身体限制的状态下生活。最终，小型、不显眼的嵌入式智能系统将能够维护和增强人们的思维能力。

最初，这样的系统非常昂贵，不是普通消费者所能负担得起的，而且会产生一些其他问题，如人们会担心谁应该秘密参与到这些先进的技术中。随着时间的推移，标准规范将会出现。但是，寿命超过百年的人组成的社会，其结果将会是什么呢？如果接受嵌入式混合材料（如硅电路）可使生命得以延续100年以上，谁不愿意接受呢？如果这个星球上的老年人口过多，生活会有什么不同呢？谁将解决人们的居住问题？生命的定义又是什么？也许更重要的是，生命在何时结束？这些确实是道德和伦理难题。

在生活中，为人类的最大进步铺平道路的科技会是未来的冠军吗？人工智能会在逻辑、搜索或知识表示方面取得进展吗？或者，我们可否从由看起来简单的系统组织成具有非常多可能性的复杂系统的方式中学习？专家系统将会为我们做些什么？在自然语言处理、视觉、机器人技术方面有什么进步？神经网络和机器学习提供了什么可能性？虽然这些问题的答案很难获得，但是可以肯定的是，随着影响生活的人工智能技术的持续涌现，我们将会利用大量的科技使生活变得更加方便。

任何技术的进步都带来了很多的可能性，同时也产生了新危险。危险包括科技组件和环境出乎意料地交互而导致出现事故甚至灾难。同样危险的是，结合了人工智能的技术进步可能会落入坏人之手。思考一下，如果能够战斗的机器人被恐怖分子挟持，这会造成多大的破坏和混乱。这可能不会阻碍进步,因为这些技术为人们带来了惊人的可能性,即使一些风险与这些可能性相关,人们也会接受这些风险以及可能的致命后果。人们可能会明确地接受这些风险,或采用默认的做法处理这些风险。在人工智能之前,机器人的概念就已经存在了。目前,机器人在机器装配中起着重要作用。

此外,机器人能够帮助人类做一些常规的体力活,如吸尘和购物,并且在更具挑战性的领域(如搜索和救援以及远程医疗方面)也有帮助人类的潜力。随着时间的推移,机器人还会显示情感、感觉和爱以及我们通常认为是人类独有的一些行为。机器人将在生活的各个方面帮助人们,其中许多方面人类目前无法预见。然而,有人认为机器人也许会模糊"在线生活"和"现实世界生活"之间的区别,这也并非不着边际。我们如何定义智能机器人?如果机器人智能超过了人类,会发生什么事情?在试图预测人工智能的未来时,我们希望能够充分思考这些问题,以便在未来做出更充分的准备。

第二章 人工智能的技术基础

第一节 知识表示

一、知识和知识表示的概述

知识与知识表示是人工智能中一项最底层、最基础的技术，决定着人工智能进行知识学习的方式。各种以知识和符号操作为基础的智能系统，必须先用某种方法或某几种方法集成来表示问题。对于同一问题可以有多种不同的表示方法，问题表示的优劣，对求解结果及求解效率影响很大。

(一)知识和知识表示的概念

人类的智能活动过程主要是一个获取并运用知识的过程。知识是智能的基础。那么，什么是知识就对研究知识表示十分重要了。遗憾的是，目前在人工智能研究领域中对知识仍然没有形成一致、严格的定义，不同的应用背景对知识有不同的理解，进而形成不同的定义。其中，比较有代表性的理解有以下几种：①费根鲍姆认为，知识是经过归纳、塑造、解释和转换的信息。简单地说，知识是经过加工的信息；②伯恩斯坦认为，知识是由特定领域的描述、关系和过程组成的；③海斯·罗思认为，知识包括事实、信念和启发式规则等；④从知识库观点看，知识是某个领域中所涉及的各个有关方面、状态的一种符号表示；⑤知识可从范围、目的、有效性三个方面加以三维描述。其中，知识的范围是由具体到一般，知识的目的是由说明到指定，知识的有效性是由确定到不确定。例如，"为了证明 A→B，只需证明 A∧~B 是不可满足的",这种知识是一般性、指示性、确定性的。而像"桌子有四条腿"这种知识是具体性、说明性、不确定性的。

知识表示是研究用机器表示知识的可行性、有效性的一般方法,是一种数据结构与控制结构的统一体,既考虑知识的存储,又考虑知识的使用。知识表示可看成是一组描述事物的约定,以便把人类知识表示成机器能处理的数据结构。

(二)人工智能系统所关心的知识

一个智能程序高水平地运行需要有关的事实知识、规则知识、控制知识和元知识。

1.事实知识。事实知识是关于事物是什么和怎么样的知识,常以"……是……"的形式出现,如事物的分类、属性、事物间关系、科学事实、客观事实等。事实是静态的、为人们共享的、可公开获得的、公认的知识,在知识库中属于底层的知识,如雪是白色的、鸟有翅膀、张三与李四是好朋友、这辆车是张三的等。

2.规则知识。规则知识是有关问题中与事物的行动、动作相联系的因果关系知识,是动态的,常以"如果……那么……"的形式出现。特别是启发式规则,它是专家提供的专门经验知识,这种知识虽无严格解释,但很有实际应用价值。

3.控制知识。控制知识是有关问题的求解步骤、技巧性知识,告诉人们怎么做一件事。它包括当有多个动作同时被激活时应选哪一个动作来执行的知识。

4.元知识。元知识是有关知识的知识,是知识库中的高层知识,包括怎样使用规则、解释规则、校验规则、解释程序结构等知识。元知识与控制知识有重叠的部分,对一个大的程序来说,以元知识或者元规则的形式来体现控制知识更为方便,因为元知识存于知识库中,而控制知识常与程序结合在一起出现,从而不容易被修改。①

---

① 王昊奋,易侃,吴蔚,等.多模态态势感知的知识表示,表示学习和知识推理 [J].指挥信息系统与技术,2022,13(3):1—11.

(三)人工智能系统所关心的知识表示

从知识的静态和动态特性看,知识表示可以分为陈述式知识表示与过程式知识表示。

1.陈述式知识表示。语义网络、框架和剧本等知识表示方法,均是对知识和事实的一种静止的表达方法,我们称这类知识表达方式为陈述式知识表示。它所强调的是事物涉及的对象,是对事物有关知识的静态描述,是知识的一种显式表达形式,而对于如何使用这些知识,则通过控制策略来决定。

2.过程式知识表示。简称过程式表示、过程表示。过程式表示就是将某一问题有关领域的知识,连同如何使用这些知识的方法隐式地表达为一个求解问题的过程。它所给出的是事物的一些客观规律,表达的是如何求解问题。知识的描述形式就是程序,所有信息均隐含在程序中,因而难以添加新知识和扩充功能,适用范围也较窄。

(四)知识表示应该注意的问题

自然语言是人类进行思维活动的主要信息载体,可以理解为人类的知识表示。将自然语言所承载的知识输入到计算机之前,一般先经过对实际问题进行建模,然后基于此模型实现面向机器的符号表示——一种数据结构,这种数据结构就是我们主要研究的知识表示问题。计算机对这种符号流进行处理后,形成原问题的解,再经过模型还原,最后得到基于自然语言(包括图形、图像等)表示的问题解决方案。

对知识表示的基本要求是所表示的知识必须被计算机接收和识别(具有可行性)。在这个前提下,知识表示还应该注意以下几个问题。

1.合适性。所采用的知识表示方法应该恰好适合问题的处理和求解,即表示方法不能过于简单,而导致不能胜任问题的求解;也不宜过于复杂,而导致处理过程需要做大量的无用功。

2.高效性。求解算法对所用的知识表示方法应该是高效的,对知识的检索也应该能保证是高效的。

3.可理解性。在既定的知识表示方法下,知识易于为用户所理解,或者易于转化为自然语言。

4.无二义性。知识所表示的结果应该是唯一的,对用户来说是无二义性的。

二、人工智能系统中常用的知识表示方法

(一)产生式表示法

产生式表示法又称为产生式规则表示法。"产生式"这一术语是由美国数学家波斯特在1943年首先提出来的,如今已被应用于多个领域,成为人工智能中应用最多的一种知识表示方法。

1.产生式表示。产生式通常用于表示事实、规则以及它们的不确定性度量,适合于表示事实性知识和规则性知识。

(1)确定性规则的产生式表示:确定性规则的产生式表示的基本形式如下。

IF　P　THEN

或者

P→Q

其中,P是产生式的前提,用于指出该产生式是否是可用的条件;Q是一组结论或操作,用于指出该产生式的前提条件P被满足时,应该得出的结论或应该执行的操作。整个产生式的含义是:如果前提P被满足,则结论Q成立或执行Q所规定的操作。

(2)不确定性规则的产生式表示:不确定性规则的产生式表示的基本形式如下。

IF　P　THEN　Q　（置信度）

或者

P→Q　（置信度）

例如,IF表示本微生物的染色斑是革兰氏阴性,本微生物的形状呈杆状,病人是中间宿主,THEN表示该微生物是绿脓杆菌(0.6)

它表示当前列出的各个条件都得到满足时,结论"该微生物是绿脓杆

菌"可以相信的程度为0.6。这里,用置信度0.6表示知识的强度。

(3)确定性事实的产生式表示:确定性事实一般用三元组表示如下。

(对象,属性,值)

或者

(关系,对象1,对象2)

例如,"老李年龄是40岁"表示为(Li,Age,40),"老李和老王是朋友"表示为(Friend,Li,Wang)。

(4)不确定性事实的产生式表示:不确定性事实一般用四元组表示如下。

(对象,属性,值,置信度)

或者

(关系,对象1,对象2,置信度)

例如,"老李年龄很可能是40岁"表示为(Li,Age,40,0.8),"老李和老王不大可能是朋友"表示为(Friend,Li,Wang,0.1)。这里用置信度0.1表示可能性比较小。

2.产生式系统。把一组产生式放在一起,让它们互相配合、协同作用,一个产生式生成的结论可以供另一个产生式作为已知事实使用,以求得问题的解,这样的系统称为产生式系统。一般来说,一个产生式系统由规则库、综合数据库、推理机(控制系统)三部分组成。

(1)规则库:用于描述相应领域内知识的产生式集合称为规则库。规则库是产生式系统求解问题的基础。因此,需要对规则库中的知识进行合理的组织和管理,检测并排除冗余及矛盾的知识,保持知识的一致性。采用合理的结构形式,可使推理避免访问那些与当前问题求解无关的知识,从而提高问题求解的效率。

(2)综合数据库:综合数据库又称为事实库、上下文、黑板等,用于存放问题的初始状态、原始证据、推理中得到的中间结论及最终结论等信息。当规则库中某条产生式的前提可与综合数据库的某些已知事实匹配时,该产生式就被激活,并把它推出的结论放入综合数据库中作为后面推理的已知事实。显然,综合数据库的内容是不断变化的。

（3）推理机：推理机由一组程序组成，除了推理算法，它还控制整个产生式系统的运行，实现对问题的求解。粗略地说，推理机要做以下几项工作：①推理。按一定的策略从规则库中选择，并与综合数据库中的已知事实进行匹配。匹配是指把规则的前提条件与综合数据库中的已知事实进行比较，如果两者一致或者近似一致且满足预先规定的条件，则为匹配成功，相应的规则可被使用；否则为匹配不成功；②冲突消解。如果匹配成功的规则可能不止一条，称为"发生了冲突"。此时，推理机必须调用相应的解决冲突的策略进行消解，以便从匹配成功的规则中选出一条执行；③执行规则。如果某一规则的右部（结论）是一个或多个结论，则把这些结论加入综合数据库中；如果规则的右部是一个或多个操作，则执行这些操作。对于不确定性知识，在执行每一条规则时还要按一定的算法计算结论的不确定性程度；④检查推理终止条件。检查综合数据库中是否包含了最终结论，决定是否停止运行系统。

3.产生式系统的特点。产生式适合于表达具有因果关系的过程性知识，是一种非结构化的知识表示方法。产生式表示法既可表示确定性知识，又可表示不确定性知识；既可表示启发式知识，又可表示过程性知识。目前，已建造成功的智能系统大部分用产生式来表达其过程性知识。产生式系统主要有以下几个特点：①模块性强。规则库、综合数据库、控制系统相对独立，修改程序更加容易；②各产生式规则相互独立，不能相互调用，补充或删除产生式规则十分方便；③产生式规则的形式与人们推理所用的逻辑形式十分接近，人们将拥有的知识转换成产生式规则很容易，产生式规则也容易被人们读懂。

用产生式表示具有结构关系的知识很困难，因为它不能把具有结构关系的事物间的区别与联系表示出来。

（二）框架表示法

1975年，美国著名的人工智能学者明斯基提出了框架理论。该理论基于人们对现实世界中各种事物的认识都以一种类似于框架的结构存储在记忆中，当面临一个个新事物时，就会从记忆中找出一个合适的框架，并根据实际情况对其细节加以修改、补充,从而形成对当前事物的认识。例如,一个人走进一间教室之前就能依据以往对"教室"的认识,想象到这个教室一定有四面墙,有门、窗、天花板、地板、课桌、凳子、讲台及黑板等。尽管他对这个教室的大小、门窗的个数、桌凳的数量、颜色等细节还不清楚,但对教室的基本结构是可以预见的。因为他通过以往看到的教室,已经在记忆中建立了关于教室的框架。该框架不仅指出了相应事物的名称(教室),而且还指出了事物各个有关方面的属性(如有四面墙、有课桌、有黑板等)。通过对该框架的查找,就很容易得到教室的各个特征。在他进入教室后经观察得到教室的大小、门窗的个数、桌凳的数量、颜色等细节,再把它们填入教室框架中,就得到了教室框架的一个具体事例。这就是这个人关于这个具体教室的视觉形象,称为事例框架。

(三)状态空间表示法

状态空间表示法是以"状态空间"的形式来表示问题的一种方法,是人工智能中最基本的形式化方法,是讨论问题、求解技术的基础。

状态空间表示法主要有三要素:状态、算符和状态空间。

1.状态。状态是表示问题求解过程中每一步问题状况的数据结构。一般用一组最少变量 $Q = q_0, q_1, \cdots, q_n$ 的有序集合来表示。当给变量一个确定的值时,可以得到一个具体的状态。例如,描述全班同学的变量可以有班级、姓名、学号等。

2.算符。算符引起状态中某些变量的变化,使问题从一种状态转换为另一种状态。算符可以分为走步、过程、规则、数学算子、运算符号、逻辑符号等。例如,操作全班同学的算符可以有升学、毕业等。

3.状态空间。状态空间是利用状态变量和操作符号表示系统或问题的有关知识的符号体系。状态空间可以用一个四元组表示:

$$(S, O, S_0, G)$$

其中,S 是状态集合,S 中每一元素表示一个状态,状态是某种结构的符号或数据。O 是操作算子的集合,利用算子可将一个状态转换为另一个状态。S_0 是问题的初始状态的集合,是 S 的非空子集,即 $S_0 \in S$。G 是问题的目标状态的集合,是 S 的非空子集,即 $G \in S$。G 可以是若干具体状态,也可以是满足某些性质的路径信息描述。

任何类型的数据结构都可以用来描述状态,如符号、字符串、向量、多维数组、树和表格等。所选用的数据结构形式要与状态所蕴含的某些特性具有相似性。如对于八数码问题,一个 3×3 的阵列便是一个合适的状态描述方式。

第二节 概念表示

一、经典概念理论

所谓概念的精确定义,就是可以给出一个命题,亦称概念的经典定义方法。在这样一种概念定义中,对象属于或不属于一个概念是一个二值问题。一个对象要么属于这个概念,要么不属于这个概念,二者必居其一。一个经典概念由三部分组成,即概念名、概念的内涵表示、概念的外延表示。

概念名由一个词语来表示,属于符号世界或者认知世界。

概念的内涵表示用命题来表示,反映和揭示概念的本质属性,是人类主观世界对概念的认知,可存在于人的心智之中,属于心智世界。所谓命题,就是非真即假的陈述句。

概念的外延表示由概念指称的具体实例组成,是一个由满足概念的内涵表示的对象构成的经典集合。

经典概念大多隶属于科学概念。例如,偶数、英文字母属于经典概念。偶数的概念名为偶数。偶数的内涵表示为如下命题:只能被2整除的自然数。偶数的外延表示为经典集合 $\{0,2,4,6,8,10,\cdots\}$。

英文字母的概念名为英文字母。英文字母的内涵表示为如下命题:英语单词里使用的字母符号(不区分字体)。英文字母的外延表示为经典集合 $\{a,b,c,d,e,f,g,h,i,j,k,l,m,n,o,p,q,r,s,t,u,v,w,x,y,z\}$。

经典概念在科学研究、日常生活中具有极其重要的意义。如果限定概念都是经典概念,则既可以使用其内涵表示进行计算(即所谓的数理逻辑),也可以使用其外延表示进行计算(即所谓的集合论)。

二、数理逻辑

在自然语言中,不是所有的语句都是命题。

①您去电影院吗?

②看花去!

③天鹅!

④这句话是谎言。

⑤哎呀,您……

⑥x=2。

⑦两个奇数之和是奇数。

⑧欧拉常数是无理数。

⑨有缺点的战士毕竟是战士,完美的苍蝇毕竟是苍蝇。

⑩任何人都会死,苏格拉底是人,因此,苏格拉底是会死的。

⑪如果下雨,则我打伞。

⑫三角形的三个内角之和是180°,当过直线外一点有且仅有一条直线与已知直线平行。

⑬李白要么擅长写诗,要么擅长喝酒。

⑭李白既不擅长写诗,又不擅长喝酒。

在以上这些句子中,①~⑥都不是命题,其中①②③⑤不是陈述句。④不能判断真假,既不能说其为真,又不能说其为假,这样的陈述句称为悖论。⑥的真假值依赖于x的取值,不能确定。

⑦~⑭都是命题。作为命题,其对应真假的判断结果称为命题的真值,真值只有两个:真或者假。真值为真的命题称为真命题,真值为假的命题称为假命题。真命题表达的判断正确,假命题表达的判断错误,任何命题的真值唯一。在以上的例子中,⑦是假命题。虽然到现在也不知道欧拉常数是不是无理数,但是欧拉常数作为一个实数是确实存在的,其要么是无理数,

要么是有理数;必定是真命题,或者假命题,并不是悖论,其有唯一的真值,只是现在我们还不知道其真假。人们是否知道对于判断其是否为命题并不重要,因此⑧是命题。虽然⑨~⑭也是命题,但是其复杂性比⑦和⑧要高。实际上,作为命题,⑦和⑧不能再继续分解成更简单的命题,这种不能分解为更简单的命题称为简单命题或者原子命题。在命题逻辑中,简单命题是基本单位,不再细分。在日常生活中,经常使用的命题大多不是简单命题,而是通过连接词联结而成的命题,称为复合命题,如⑨~⑭。

在命题逻辑中,简单命题常用p、q、r、s、t等小写字母表示。复合命题则用简单命题和逻辑词进行符号化。常见的逻辑连接词有五个——否定连接词、合取连接词、析取连接词、蕴涵连接词、等价连接词。在数理逻辑中,真用"1"来表示,假用"0"来表示。

否定连接词是一元连接词,其符号为$\neg p$。设p为命题,复合命题"非p"(或"p的否定")称为p的否定式,记作$\neg p$。规定$\neg p$为真当且仅当p为假。在自然语言中,否定连接词一般用"非""不"等表示,但是,不是自然语言中所有的"非""不"都对应否定连接词。

合取连接词为二元连接词,其符号为$\wedge$。设p,q为两个命题,复合命题"p并且q"(或"p与q")称为p与q的合取式,记作$p \wedge q$。规定$p \wedge q$为真当且仅当p与q同时为真。在自然语言中,合取连接词对应相当多的连词,如"既……又……""不但……而且……""虽然……但是……""一面……一面……""一边……一边……"等都表示两件事情同时成立,可以符号化为$\wedge$。同时,也需要注意不是所有的"与""和"都对应合取连接词。

析取连接词为二元连接词,其符号为$\vee$。设p,q为两个命题,复合命题"p或者q"称为p与q的析取式,记作$p \vee q$。规定$p \vee q$为假当且仅当p与q同时为假。特别需要注意的是,自然语言中的"或者"与$\vee$不完全相同,自然语言中的"或者"有时是排斥或,有时是相容或,而在数理逻辑中,$\vee$是相容或。

蕴涵连接词为二元连接词,其符号为$\rightarrow$。设p,q为两个命题,复合命题"如果p则q"称为p与q的蕴涵式,记作$p \rightarrow q$。规定$p \rightarrow q$为假当且仅当p为真且q为假。$p \rightarrow q$的逻辑关系为q是p的必要条件。使用蕴涵连接词时,必须注意自然语言中存在许多看起来差别很大的表达方式,如"只要p,就q"

"因为 p,所以 q""p 仅当 q""只有 q 才 p""除非 q 才 p""除非 q,否则非 p"等都对应于命题符号化 p→q。同时,必须注意到当 p 为假时,无论 q 为真或为假,p→q 总为真。日常生活里 p→q 中的前件 p 与后件 q 往往存在某种内在关系;而在数理逻辑里,并不要求前件 p 与后件 q 有任何联系,前件 p 与后件 q 可以完全没有内在联系。

等价连接词为二元连接词,其符号为←→。设 p,q 为两个命题,复合命题"p 当且仅当 q"称为 p 与 q 的等价式,记作 p←→q。规定 p←→q 为真当且仅当 p 与 q 同为真或同为假。p←→q 意味着 p 与 q 互为充要条件。

通过定义逻辑连接词和将命题符号化,可以在命题范围内进行推理和计算。例如,通过推理计算很容易证明,p→q 和 p∨q 两个逻辑公式是逻辑等价的。

遗憾的是,命题逻辑并不总是能够处理日常生活中的简单推理,如⑩是著名的苏格拉底三段论,其显然恒为真。但是如果使用命题逻辑,只能分解为简单命题,将不能推断出命题恒为真,其原因何在呢?对于日常生活中的逻辑推理来说,简单命题并不是最终的基本单位,还需要进一步分解。由于命题是陈述句,根据语法,一般可以分为主谓结构或者主谓宾结构。

三、集合论

当需要定义或使用一个概念时,常常需要明确概念指称的对象。一个由概念指称的所有对象组成的整体称为该概念的集合,这些对象就是集合的元素或者成员。该概念名为集合的名称,该集合称为对应概念的外延表示,集合中的元素为对应概念的指称对象,如一元二次方程 $x^2 - 2 = 0$ 的解组成的集合、人类性别集合、质数集合等。

(一)集合的表示

为了方便计算,集合通常用大写字母标记,如自然数集合 N、整数集合 Z、有理数集合 Q、实数集合 R、复数集合 C 等。因此,集合的名字常常有两个:一个用在自然语言里,对应该集合的概念名;一个用在数学里,用来降低书写的复杂度。

集合有两种表示方法:一种是枚举表示法,一种是谓词表示法。所谓集合的枚举表示法,是指列出集合中的所有元素,元素之间用逗号隔开,并把它们用花括号括起来,如A={1,2,3,4,5,6,7,8,9,0}、N={0,1,2,3,4,…}都是符合规定的表示。谓词表示法是用谓词来概括集合中元素的属性,该谓词是集合对应的概念的内涵表示。例如,集合 $B = \{x | x \in R \wedge x^2 - 2 = 0\}$ 表示方程 $x^2 - 2 = 0$ 的解集,并不是所有的集合都可以用枚举表示法来表示,如实数集合。

在用枚举表示法时,集合中的元素彼此不同,不允许一个元素在集合中多次出现;集合中的元素地位是平等的,出现的次序无关紧要,即集合中的元素无顺序,如果两个集合在其对应的枚举表示法中元素完全相同而出现的顺序不同,那么这两个集合仍然是相同的。

考虑到集合中的元素对应对象,而每一个对象也可以看作一个更具体的概念,如"李白是诗人"是这个集合中的一个元素,李白自身也可以看作一个更为具体的概念。考虑到任何概念都有外延表示即集合对应,因此,集合的元素都可以看作集合。元素和集合之间的关系是隶属关系,即属于或者不属于,属于的符号为∈,不属于的符号为∉。例如,A={a,{a,b},{a},{a,{a,b}}}。这里,a∈A,{a,b}∈A,{a,{a,b}}∈A,但b∉A。可以用一个树形图来表示集合的隶属关系。该树形图显然为分层构成,每一层上的一个节点表示一个集合,上层节点与下层节点有边相连,当且仅当上层节点对应某集合,而下层节点对应该集合的元素。由于集合的元素都是集合,隶属关系可以看作处在不同层次上的集合之间的关系,因此,对于任何集合A,都有A∉A。

(二)集合之间的关系

如果同一层次的不同概念之间有各种关系,则对于同一层次上的两个集合,彼此之间也存在各种不同的关系。

第一,如果A、B是两个集合,且A中的任意元素都是集合B中的元素,则称集合A是集合B的子集合,简称子集,这时也称A被B包含,或者B包含A,记作A⊆B。

如果A不被B所包含,则记作A⊄B。

第二，如果 A、B 是两个集合，且 A⊆B 与 B⊆A 同时成立，则称 A 与 B 相等，记作 A=B。

如果 A 与 B 不相等，则记作 A≠B。

相等的符号化表示为：A=B⇔A⊆B∧B⊆A。

第三，如果 A、B 是两个集合，且 A⊆B 与 A≠B 同时成立，则称 A 是 B 的真子集，记作 A⊆B。

如果 A 不是 B 的真子集，则记作 A⊈B。

真子集的符号化表示为：A⊆B⇔A⊆B∧A≠B。

第四，不含任何元素的集合叫作空集，记作∅。

空集可以符号化表示为：∅={x|x≠x}。

第五，在一个具体问题中，如果所涉及的集合都是某个集合的子集，则称该集合为全集，记作 E。

对于不同的问题，全集定义不同。有时候，即使对同一个问题，也可以构造不同的全集来解决问题。一般说来，全集取得小一些，问题的描述和处理会简单些，但也不能一概而论。

(三)集合的基本运算

集合作为概念的外延表示，也存在相应的运算。最基本的集合运算有并、交、对称差、相对补和绝对补。

第一，设 A、B 为集合，A 与 B 的并集 A∪B，交集 A∩B，B 对 A 的相对补集 A-B 可分别定义如下。

A∪B={x|x∈A∨x∈B}

A∩B={x|x∈A∧x∈B}

A-B={x|x∈A∧x∉B}

如果两个集合的交集为空集，则称这两个集合是不相交的。

第二，设 A、B 为集合，A 与 B 的对称差集 A⊕B 定义为：A⊕B=(A-B)∪(B-A)。

在给定全集 E 以后，A⊆E，A 的绝对补集 ~ A 可定义如下。

~ A=E-A={x|x∈E∧x∉A}

由此,可以具体计算集合之间的并、交、对称差、相对补和绝对补。

显然,当概念的外延表示为经典集合时,概念之间的计算可以由集合运算来代替。

当不能或不方便用枚举表示法来表示集合时,可以使用集合的特征函数来表示特定讨论域中的元素与集合的关系。一般来说,讨论集合时会限定一个全集,待讨论的集合中的元素都是该全集的元素。当全集为 E,待讨论的集合为 A,$I_1(x)=1$ 当且仅当 $x{\in}A$,否则,$I_A(x)=0$,则 $I_A(x)$ 是集合 A 的特征函数。

四、概念的现代表示理论

不是所有的概念都具有经典概念表示。概念的经典理论假设概念的内涵表示由一个命题表示,外延表示由一个经典集合表示,但是对于日常生活里使用的概念来说,这个要求过高,常见的概念如人、勺子、美、丑等就很难给出其内涵表示或者外延表示。人们很难用一个命题来准确定义什么是人、勺子、美、丑,也很难给出一个经典集合将对应着人、勺子、美、丑这些概念的对象枚举出来。命题的真假与对象属不属于某个经典集合都是二值假设,非0即1,但现实生活中的很多事情难以用这种方式计算。

著名的"秃子悖论"可以清楚地说明这一点。"秃子悖论"是一个陈述句:比秃子多一根头发的人也是秃子。假设"秃子"这个概念是经典概念,那么运用经典推理技术,从"头上一根头发也没有的人是秃子"这个基准论断出发,经过10万次推理,就可以推断出"一个人即使具有10万根头发也是秃子"。显然,这是一个荒谬的结论,因为据统计,一个正常的成年人也就有10万根头发。错误发生在哪里呢? 显然,"秃子"属于经典概念这个假设并不正确。

"秃子"这样的概念是不是个别现象呢?

在1953年出版的《哲学研究》里,通过仔细剖分"游戏"这个概念,维特根斯坦对概念的内涵表示的存在性严重质疑,明确指出如下假设并不正确:所有的概念都存在经典的内涵表示(命题表示)。现代认知科学是这一观点的支持者,认为各种生活中的实用概念如人、猫、狗等都不一定存在经典的内涵表示(命题表示)。

但是,这并不意味着概念的内涵表示在没有被发现前,该概念就不能被正确使用。实际上,人们对于日常生活中的概念应用得很好,但是其相应的内涵表示不一定存在。为此,认知科学家提出了一些新概念表示理论,如原型理论、样例理论和知识理论。

(一)原型理论

原型理论认为一个概念可由一个原型来表示。一个原型既可以是一个实际的或虚拟的对象样例,也可以是一个假设性的图示性表征。通常,应假设原型为概念的最理想代表。例如,"好人"这个概念很难有一个命题表示,但在中国,好人通常用雷锋来表示,雷锋就是好人的原型。对于"鸟"这个概念,一般具有卵生、有喙、有羽毛、会飞、体轻等特点,麻雀、燕子都符合这个特点,而鸵鸟、企鹅、鸡、家鸭等不太符合鸟的典型特征。显然,麻雀、燕子适合作为鸟的原型,而鸵鸟、企鹅、鸡、家鸭等不太适合作为鸟的原型,虽然其也属于鸟类,但不属于典型的鸟类。因此,在原型理论里,同一个概念中的对象对于概念的隶属度并不都是1,会根据其与原型的相似程度而变化,一个对象被归为某类事物仅仅因为该对象更像某类事物的原型表示。[①]

在日常生活中,这样的概念很多,如秃子、美人、吃饱了等。在这些概念中,概念的边界并不清晰,严格意义上其边界是模糊的。正是注意到这种现象,扎德于1965年提出了模糊集合的概念,其与经典集合的主要区别在于对象属于集合的特征函数不再是非0即1,而是一个不小于0且不大于1的实数。据此,基于模糊集合发展出模糊逻辑,可以解决"秃子悖论"的问题。

然而,要找到概念的原型并不是简单的事情。一般需要辨识属于同一个概念的许多对象,或者事先有原型可以展示。但这两个条件并不一定存在。特别是20世纪70年代儿童发育学家通过观察发现,一个儿童只需要认识同一个概念的几个样例,就可以对这几个样例所属的概念进行辨识,但其并没有形成相应概念的原型。据此,罗施、默维斯又提出了概念的样例理论。

①蒲玲玉. 浅析经典范畴理论与原型范畴理论[J]. 劳动保障世界(理论版),2013(5):120.

（二）样例理论

样例理论认为概念不可能仅由一个对象样例或者原型来代表，但是可以由多个已知样例来表示。一两岁的婴儿已经可以正确辨识什么是人、什么不是人，即可以使用"人"这样的概念了。但是一两岁的婴儿接触的人的个体数量非常有限，其不可能形成"人"这个概念的原型。这实际上与很多人的实际经验也相符。人们认识一个概念时，只能通过其样例来学习。例如，认识"一"这个字，显然，只可能通过有限的这个字的样本来认识，不可能将所有"一"这个字的样本都拿来学习。在样例理论中，一个样例属于某个特定概念 A 而不是其他概念，仅仅因为该样例更像特定概念 A 的样例表示而不是其他概念的样例表示。且在该理论里，概念的样例表示通常有三种不同形式：由该概念的所有已知样例来表示；由该概念的已知最佳、最典型或最常见的样例来表示；由该概念的经过选择的部分已知样例来表示。

（三）知识理论

更进一步，认知科学家发现在各种人类文明中都存在颜色概念，但是具体的颜色概念各有差异，并由此推断出单一概念不可能独立于特定的文明之外而单独存在。由此形成了概念的知识理论。知识理论认为，概念是特定知识框架（文明）的一个组成部分。但是，不管怎样，认知科学总是假设概念在人的心智中是存在的。概念在人心智中的表示称为认知表示，其属于概念的内涵表示。需要指出的是，已有研究发现不同的概念具有不同的内涵表示，可能是命题表示，可能是原型表示，可能是样例表示，也可能是知识表示，当然也可能存在不同于以上的认知表示。对于一个具体的概念，到底是哪一种表示，需要根据实际情况具体研究。

第三节 专家系统

一、专家系统概述

费根鲍姆将专家系统定义为:一种智能的计算机程序,它运用知识和推理来解决只有专家才能解决的复杂问题。这里的知识和问题均属于同一个特定领域。

不同于一般的计算机程序系统,专家系统以知识库和推理机为核心,可以处理非确定性的问题,不追求问题的最佳解,利用知识得到一个满意解是系统的求解目标。专家系统强调知识库与包括推理机在内的其他子系统的分离,一般来说知识库是与领域相关的,而推理机等子系统具有一定的通用性。

一个专家系统通常由人机交互界面、知识库、推理机、解释器、综合数据库、知识获取6个部分构成。

第一,人机交互界面是系统与用户的交互接口,系统在运行过程中需要用户通过该交互接口输入数据到系统中,系统则将需要显示给用户的信息通过该交互接口显示给用户。

第二,知识库是问题求解所需要的领域知识的集合,包括基本事实、规则和其他有关信息。知识的表示形式可以是多种多样的,包括框架、规则、语义网络等。知识库中的知识源于领域专家,是决定专家系统能力的关键,即知识库中知识的质量和数量决定着专家系统的质量水平。知识库是专家系统的核心组成部分。一般来说,专家系统中的知识库与专家系统程序是相互独立的,用户可以通过改变、完善知识库中的知识内容来提高专家系统的性能。

第三,推理机是一个执行结构,负责对知识库中的知识进行解释,利用知识进行推理。假设知识以规则的形式表示,推理机就会根据某种策略对知识库中的规则进行检测,选择一个"前提"可以满足的规则,得到该规则的

"结论",并根据"结论"的不同类型执行不同的操作。

第四,解释器是专家系统特有的模块。在专家系统与用户的交互过程中,解释器专门负责向用户解释专家系统的行为和结果。解释一般分为"Why解释"和"How解释"两种,Why解释回答"为什么",How解释回答"如何得到"。例如,在一个医疗专家系统中,系统给出患者验血的建议,如果患者想知道为什么让自己去验血,用户只要通过交互接口输入Why,系统就会根据推理结果给出让患者验血的原因,让用户明白验血的意义。假设专家系统最终诊断患者患有肺炎疾病,如果患者想了解专家系统是如何得出这个结果的,只要通过交互接口输入How,专家系统就会根据推理结果给用户解释根据什么症状判断其患有肺炎。这样可以让用户对专家系统的推理结果有所了解,而不是盲目信任。

第五,综合数据库是一个工作存储区,用于存放初始已知条件、已知事实、推理过程中得到的中间结果以及最终结果等。知识库中的知识、在推理过程中所用到的数据以及得到的结果均存放在综合数据库中。

第六,知识获取是专家系统与知识工程师的交互接口,知识工程师通过知识获取模块将整理的领域知识加入知识库中。

二、推理方法

专家系统中的推理机是如何利用知识库进行推理的?这个问题的答案会根据知识表示方法的不同而有所不同。在专家系统中,规则是最常用的知识表示方法,下面以规则为例进行说明。

按照推理的方向,推理方法可以分为正向推理和逆向推理。正向推理就是正向地使用规则,从已知条件出发向目标进行推理。其基本思想是:检验是否有规则的前提被综合数据库中的已知事实满足,如果被满足,则将该规则的结论放入动态数据库中,再检查其他的规则是否有前提被满足;反复该过程,直到目标被某个规则推出结论,或者再也没有新结论被推出为止。由于这种推理方法是从规则的前提向结论进行推理,所以称为正向推理。正向推理是通过动态数据库中的数据来"触发"规则进行推理的,所以又称为数据驱动的推理。

如果在推理过程中,有多个规则的前提同时成立,如何选择一条规则呢?这就是冲突消解问题。最简单的办法是按照规则的自然顺序,选择第一个前提被满足的规则执行。也可以对多个规则进行评估,哪条规则前提被满足的条件多,哪条规则优先执行;或者从规则的结论距离要推导的结论的远近来考虑。

逆向推理又被称为反向推理,是逆向地使用规则,先将目标作为假设,查看是否有某条规则支持该假设,即规则的结论与假设是否一致,然后看结论与假设一致的规则其前提是否成立。如果前提成立(在综合数据库中进行匹配),则假设被验证,结论放入综合数据库中;否则将该规则的前提加入假设集中,一个一个地验证这些假设,直到目标假设被验证为止。由于逆向推理是从假设求解目标成立、逆向使用规则进行推理的,所以又称为目标驱动的推理。

在逆向推理中也存在冲突消解问题,可采用与正向推理一样的方法解决。

一般的逻辑推理都是确定性的,也就是说前提成立,结论一定成立。例如,在几何定理证明中,如果两个同位角相等,则两条直线一定是平行的。但是在很多实际问题中,推理往往具有模糊性、不确定性。

三、专家系统工具

专家系统的一个特点是知识库与系统其他部分是分离的,知识库与求解的问题领域密切相关,而推理机等则与具体领域独立,具有通用性。为此,人们开发了一些专家系统工具用于快速建造专家系统。

借助之前开发好的专家系统,将描述领域知识的规则等从原系统中"挖掉",只保留其知识表示方法和与领域无关的推理机等部分,就得到了一个专家系统工具,这样的工具称为骨架型工具,因为它保留了原有系统的主要框架。最早的专家系统工具EMYCIN(Empty MYCIN)就是一个典型的骨架型专家系统工具,从名称就可以看出它是来自于著名的专家系统MYCIN。

骨架型专家系统工具具有使用简单方便的特点,只需将具体的领域知识按照工具规定的格式表达出来即可,可以有效地提高专家系统的构建效率。但是灵活性不够，除了知识库以外，使用者不能改变其他任何东西。

另一种专家系统工具是语言性工具，提供给用户的是构建专家系统需要的基本机制。除了知识库以外，使用者还可以使用系统提供的基本机制，根据需要构建具体的推理机等，使用起来更加灵活方便，使用范围也更广泛。著名的OPS5就是这样的工具系统，它以产生式系统为基础，综合了通用的控制和表示机制，为用户提供了建立专家系统所需要的基本功能。在OPS5中，预先没有设定任何符号的含义以及符号之间的关系，所有符号的含义以及它们的关系均可由用户定义。其推理机制、控制策略也作为一种知识来对待，用户可以通过规则的形式影响推理过程。这样做的好处是构建系统更加灵活方便，虽增加了构建专家系统的难度，但比起直接用计算机语言从头构建专家系统要方便得多。

四、专家系统的应用

专家系统是最早走向实用的人工智能技术。世界上第一个实现商用并带来经济效益的专家系统是DEC公司的XCON系统，该系统拥有1000多条人工整理的规则，1982年开始正式在DEC公司使用，据估计它为公司每年节省了4000万美元。在1991年的海湾危机中，美国军队使用专家系统用于后勤规划和运输日程安排，这项工作同时涉及5万辆车、货物和大量的人员，而且必须考虑起点、目的地、路径并解决所有参数之间的冲突。人工智能的专家系统使一个计划可以在几小时内产生，而用旧的方法则需要花费几个星期。

清华大学于1996年开发的一个市场调查报告自动生成专家系统也在某企业得到应用，该系统可以根据市场数据自动生成一份市场调查报告。该专家系统的知识库由两部分组成，一部分知识是有关市场数据分析的，来自企业的专业人员，根据这些知识对市场上相关产品的市场形势进行分析，包括市场行情、竞争态势、动态、预测发展趋势等；另一部分知识是有关报告自动生成的，根据分析出的不同市场形势撰写出不同内容的图、文、表并茂的市场报告，并通过多种不同的语言表达生成丰富多彩的市场报告。

相比于专家系统在其他领域的应用，医学是较早应用专家系统的领域，像著名的MYCIN就是一个帮助医生对血液感染患者进行诊断和治疗的专家系统。我国也开发过一些中医诊断专家系统,如在总结著名中医专家关幼波先生的学术思想和临床经验基础上研制的"关幼波治疗胃脘痛专家系统"等。在农业方面,专家系统也有很好的应用,在国家"863计划"的支持下,我国有针对性地开发出一系列适合我国不同地区生产条件的实用经济型农业专家系统,为农技工作者和农民提供方便、全面、实用的农业生产技术咨询和决策服务,包括蔬菜生产、果树管理、作物栽培、花卉栽培、畜禽饲养、水产养殖、牧草种植等多种不同类型的专家系统。

第四节 搜索技术

一、图搜索策略

图搜索策略可以看作一种在图中寻找路径的方法。初始节点和目标节点分别代表初始数据库和满足终止条件的数据库。求得把一个数据库变换为另一个数据库的规则序列问题就等价于求得途中的一条路径问题。图搜索策略的过程分为以下几个步骤。

第一,建立一个只含有起始节点S_0的搜索图,将S_0放入未扩展节点表OPEN中,再建立一个已扩展节点表CLOSED。

第二,检查OPEN表是否为空表,若为空表,则问题无解,退出。

第三,将OPEN表的第一个节点n移动到CLOSED表中。

第四,检查节点n是否为目标节点,若是,则问题得解,退出。

第五,扩展节点n,生成一组子节点,把其中节点n的后继节点记作集合M,同时将M的成员作为n的子节点加入G中。

第六,对M中节点分情况进行处理:①给未在G中出现过的节点设置通向n的指针,并放入OPEN表中;②对已在G中出现过的节点,确认是否需要修改指向n的指针;③对已在CLOSED表上的节点,确认是否需要修改其后继节点通向n的指针。

第七,按某种搜索策略,重排OPEN表。

第八,跳转到步骤二,重复进行操作。

很多搜索问题都可以转化为图搜索问题。比如,传教士与野人问题,假设初始状态为传教士、野人和船均在河的左岸,目标是在满足问题的约束条件下到达河的右岸。如果我们用在河的左岸的传教士、野人人数以及船是否在左岸表示一个状态,则该问题任何时刻的状态都可以用一个三元组表示(M,C,B),其中M、C分别表示在左岸的传教士、野人人数,B表示船是否在左岸,B=1表示船在左岸,B=0表示船在右岸。则该问题的初始状态为(3,3,1),目标状态为(0,0,0)。如何通过这个图找出一条从初始状态(3,3,1)到目标状态(0,0,0)的路径,就是图搜索问题。所谓的路径,就是给出一个状态序列,序列的第一个状态是初始状态,最后一个状态是目标状态,序列中任意两个相邻的状态之间通过一根连接线连接。

为了提高搜索效率,图搜索并不是先生成所有状态的连接图再进行搜索,而是边搜索边生成图,直到找到一个符合条件的解,即路径为止。在搜索的过程中,生成的无用状态越少,即非路径上的状态越少,搜索的效率就越高,所对应的搜索策略就越好。

二、盲目搜索

如果在搜索过程中没有利用任何与问题有关的知识或启发信息,则称为盲目搜索。深度优先搜索和宽度优先搜索是常用的两种盲目搜索方法。

(一)深度优先搜索

深度优先搜索是一种常用的盲目搜索策略,其基本思想是优先扩展深度最深的节点。在一个图中,初始节点的深度定义为0,其他节点的深度定义为其父节点的深度加1。

深度优先搜索每次选择一个深度最深的节点进行扩展,如果有相同深度的多个节点,则按照事先的约定从中选择一个。如果该节点没有子节点,则选择一个除了该节点以外的深度最深的节点进行扩展。[①]依次进行下去,

---

①王勇睿.深度优先搜索算法的应用研究[J].网络安全和信息化,2022(11):95—97.

直到找到问题的解而结束;或者再也没有节点可扩展,最后结束,这种情况表示没有找到问题的解。

下面我们以"N皇后"问题为例,介绍深度优先搜索策略的搜索过程。N皇后问题:在一个N×N的国际象棋棋盘上摆放N枚皇后棋子,摆好后要满足每行、每列和每个对角线上只允许出现一枚皇后,即棋子间不许相互俘获。为了简单起见,我们以4皇后问题为例。图2-1给出了4皇后问题的一个解。

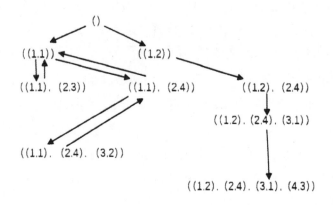

图2-1　4皇后问题搜索图

在上述搜索过程中,每当某一行不能摆放棋子时,就会发生"回溯",即返回到一个深度较浅的节点进行试探,否则就一直选择深度更深的节点进行扩展。对于N皇后这样的问题是可行的,因为只要按照规则摆放棋子就可以进行下去,直到找到一个解。但是对于很多问题,这样做可能会导致沿着一个"错误"的路线搜索下去而陷入"深渊"。为了防止这样的事情发生,在深度优先搜索中往往会加上一个深度限制,即在搜索过程中如果一个节点的深度达到了深度限制,无论该节点是否还有子节点,都会强制进行回溯,选择一个稍浅的节点扩展,而不是沿着最深的节点继续扩展。

深度优先搜索也可能遇到"死循环"问题,即沿着一个环路一直搜索下去。为了解决这个问题,可以在搜索过程中记录从初始节点到当前节点的路径,每扩展一个节点,就要检测该节点是否出现在这条路径上。如果发现在该路径上,则强制回溯,探索其他深度最深的节点。

(二)宽度优先搜索

与深度优先策略刚好相反,宽度优先搜索策略是优先搜索深度浅的节点,即每次选择一个深度最浅的节点进行扩展,如果有深度相同的节点,则按照事先的约定从深度最浅的几个节点中选择一个。同样是八数码问题,如果运用宽度优先搜索策略则搜索图如图2-2所示。图中同样用带有圆圈的数字给出了节点的扩展顺序。从图中可以看出,与深度优先搜索的"竖"着搜不同,宽度优先搜索体现的是"横"着搜。

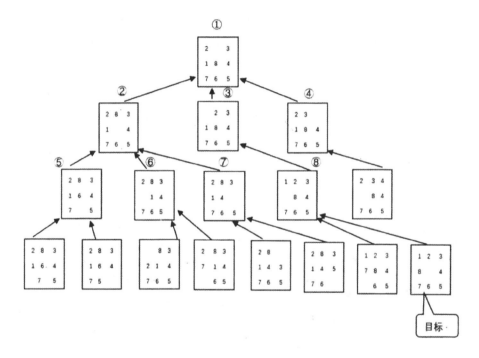

图2-2 宽度优先策略求解八数码问题的搜索图

同样都是盲目搜索,宽度优先搜索与深度优先搜索有哪些不同呢?对于任何单步代价都相等的问题,在问题有解的情况下,宽度优先搜索一定可以找到最优解。例如,在八数码问题中,如果移动每个将牌的代价都是相同的,则利用宽度优先算法找到的解一定是将牌移动次数最少的最优解。但是,由于宽度优先搜索在搜索过程中需要保留已有的搜索结果,会占用比较大的搜索空间,而且会随着搜索深度的加深成几何级数增加。深度优先搜索虽然不能保证找到最优解,但是可以采用回溯的方法,只保留从初始节点到当前节点的一条路径,可以大大节省存储空间,其所需要的存储空间只与搜索深度呈线性关系。

三、博弈搜索

2016年3月,谷歌围棋人工智能 AlphaGo 战胜韩国棋手李世石,2017年3月又战胜我国棋手柯洁,引起了全世界的关注。那么计算机是如何实现下棋的呢?博弈搜索就是计算机实现下棋的搜索方法。

下棋一直被认为是人类的高智商游戏。从人工智能诞生的那一天开始,研究者就开始研究计算机是如何下棋的。著名人工智能研究者、图灵奖获得者约翰·麦卡锡在20世纪50年代就开始从事计算机下棋方面的研究工作,并提出了著名的"α-β剪枝算法"。在很长时间里,该算法成了计算机下棋程序的核心算法,著名的国际象棋程序"深蓝"采用的就是该算法框架。

α-β剪枝算法的基本思想是利用已经搜索过的状态对搜索进行剪枝,以提高搜索效率。算法首先按照一定原则模拟双方一步步下棋,直到没有最优解为止,然后对棋局进行打分(分数越高表明对我方越有利;反之表明对对方有利)并将该分数向上传递。当搜索其他可能的走法时,会利用已有的分数剪掉对我方不利、对对方有利的走法,尽可能最大化我方所得分数,按照我方所能得到的最大分数选择走步。从以上描述可以看出,对棋局如何打分是α-β剪枝算法中非常关键的内容。深蓝对棋局打分的方法,大概的思路就是对不同的棋子按照重要程度给予不同的分数,如"车"分数高一点、"马"比"车"低一点等。同时还要考虑棋子的位置赋予不同的权重,如"马"在中间位置比在边上的权重就大;还要考虑棋子之间的联系,如是否有保护、被捕捉等。当然,实际系统中比这要复杂得多,但大致思想差不多。这样打分看起来很粗糙,但是如果搜索的深度较深,尤其是进入了残局,还是非常准确的。因为对于国际象棋来说,当进入残局后,棋子的多少可能就决定了胜负。

α-β剪枝算法只是搜索到一定的深度就停止,并不是一搜到底。α-β剪枝算法对于提高搜索效率究竟有多大的作用呢?对于这个问题,"深蓝"

的主要参与者许峰雄博士在一次报告会上说:"在'深蓝'计算机上,如果不采用α-β剪枝算法,要达到和'深蓝'一样的下棋水平,每步棋需要搜索17年的时间。"由此可见,α-β剪枝算法是非常有效的。在"深蓝"之后,中国象棋、日本将棋等采用类似的方法先后达到了人类顶级水平。2006年8月9日,为了纪念人工智能50周年,在浪潮杯中国象棋人机大战中,"浪潮天梭"系统击败了以柳大华等5位中国象棋大师组成的大师队,第二天再战许银川国际大师时,双方战平。

四、遗传算法

遗传算法的起源可追溯到20世纪60年代初期。1967年,美国密歇根大学Holland教授的学生Bagley在他的博士论文中首次提出了遗传算法这一术语,并讨论了遗传算法在博弈中的应用,但早期研究缺乏带有指导性的理论和计算工具的开拓。1975年,Holland等人提出了对遗传算法理论研究极为重要的模式理论,出版了专著《自然与人工系统中的适应》,他们在书中系统阐述了遗传算法的基本理论和方法,推动了遗传算法的发展。20世纪80年代后,遗传算法进入兴盛发展时期,被广泛应用于自动控制、生产计划、图像处理、机器人等研究领域。

(一)遗传算法的基本思想

对于自然界中生物遗传与进化机理的模仿,长期以来人们针对不同问题设计了许多不同的编码方法来表示问题的可行解,产生了多种不同的遗传算子来模仿不同环境下的生物遗传特性。这样,由不同的编码方法和不同的遗传算子构成了各种不同的遗传算法。但这些遗传算法都具有共同的特点,即通过对生物遗传和进化过程中选择、交叉、变异机理的模仿来完成对问题最优解的自适应搜索过程。基于这个共同的特点,Goldberg总结出了一种统一的最基本的遗传算法——基本遗传算法,该算法只需要选择算子、交叉算子和变异算子三种基本遗传算子,遗传进化操作过程简单、容易理解,给各种遗传算法提供了一个基本框架。基本遗传算法所描述的框架也是进化算法的基本框架。

进化算法类似于生物进化,需要经过长时间的成长演化最后得到最优化问题的一个或者多个解。因此,了解生物进化过程有助于理解遗传算法等进化算法的工作过程。

"适者生存"揭示了大自然生物进化过程中的一个规律,即最适合自然环境的个体生存下来并产生后代的可能性大。

以一个初始生物群体为起点,经过竞争后,一部分个体被淘汰而无法再进入这个循环圈,而另一部分则进入种群。竞争过程遵循生物进化中"适者生存,优胜劣汰"的基本规律,所以都有一个竞争标准或者生物适应环境的评价标准。适应程度高的个体只是进入种群的可能性比较大,但并不一定进入种群;而适应程度低的个体只是进入种群的可能性比较小,但并不一定被淘汰。这一重要特性保证了种群的多样性。

生物进化中,种群经过婚配产生子代群体(简称子群),同时可能因变异而产生新的个体。每个基因编码了生物机体的某种特征,如头发的颜色、耳朵的形状等。综合变异的作用,使子群成长为新的群体而取代旧的群体。在一个新的循环过程中,新的群体代替旧的群体而成为循环的开始。

遗传算法处理的是染色体。在遗传算法中,染色体对应的是数据或数组,通常用一维的串结构数据来表示。一定数量的个体组成了群体。群体中个体的数量称为种群的规模。每个个体对环境的适应程度叫适应度。适应度大的个体被选择进行遗传操作产生新个体的可能性大,体现了生物遗传中适者生存的原理。选择两个染色体进行交叉产生一组新的染色体的过程,类似生物遗传中的婚配。编码的某一个分量发生变化,类似生物遗传中的变异。

遗传算法包含五个基本要素,即参数编码、初始群体的设定、适应度函数的设计、遗传操作设计和控制参数设定。

(二)参数编码

由于遗传算法不能直接处理问题空间的参数,因此必须通过编码将要求解的问题表示成遗传空间的染色体或者个体。它们由基因按一定结构组成。由于遗传算法的鲁棒性,其对编码的要求并不苛刻。编码是应用遗传算法时要解决的首要问题,也是设计遗传算法时的一个关键步骤。事实上,还不存在一种通用的编码方法,特殊的问题往往采用特殊的方法。目前常采用的编码方法有二进制编码和实数编码。

1.二进制编码。将问题空间的参数编码为一维排列的染色体的方法,称为一维染色体编码。一维染色体编码中最常用的符号集是二值符号集{0,1},即采用二进制编码。

二进制编码是用若干二进制数表示一个个体,将原问题的解空间映射到位串空间 B={0,1}上,然后在位串空间上进行遗传操作。

二进制编码类似于生物染色体的组成,从而使算法易于用生物遗传理论来解释,并使得遗传操作(如交叉、变异等)很容易实现,但在求解高维优化问题时,二进制编码串非常长,从而使算法的搜索效率降低。

2.实数编码。为克服二进制编码的缺点,针对问题变量是实向量的情形,可以直接采用实数编码。

实数编码是用若干实数表示一个个体,然后在实数空间上进行遗传操作。采用实数编码不必进行数制转换,可直接在解的表现型上进行遗传操作,从而可引入与问题领域相关的启发式信息来增加算法的搜索能力。近年来,遗传算法在求解高维或复杂优化问题时一般使用实数编码。

(三)初始群体设定

由于遗传算法是对群体进行操作的,所以必须为遗传操作准备一个由若干初始解组成的初始群体。初始群体设定主要包括初始种群的产生和种群规模的确定两方面。

1.初始种群的产生。遗传算法中,初始种群中的个体可以是随机产生的,但最好先随机产生一定数目的个体,然后从中挑选最好的个体纳入初始种群中。这种过程不断迭代,直到初始种群中的个体数目达到预先确定的规模。

2.种群规模的确定。种群中个体的数量称为种群规模。种群规模影响遗传优化的结果和效率。当种群规模太小时,会使遗传算法的搜索空间范围变得有限,搜索有可能出现未成熟收敛现象,使算法陷入局部最优解。当种群规模太大时,适应度评估次数增加,则计算复杂。同时当种群中的个体非常多时,少量适应度很高的个体会被选择生存下来,但大多数个体却被淘汰,影响配对库的形成,从而影响交叉操作。种群规模一般取 20~100 个个体为宜。

(四)遗传算法的特点

相比其他优化搜索,遗传算法采用了许多独特的方法和技术。归纳起来,主要有以下几个方面:①遗传算法的编码操作使它可以直接对结构对象进行操作。结构对象泛指集合、序列、矩阵、树、图、链和表等各种一维、二维甚至三维结构形式的对象。因此,遗传算法具有非常广泛的应用领域;②遗传算法采用群体搜索策略,即采用同时处理群体中多个个体的方法,同时对搜索空间中的多个解进行评估,从而使遗传算法具有较好的全局搜索性能,减少了陷于局部最优解的风险(但还是不能保证每次都能得到全局最优解);③遗传算法仅用适应度函数值来评估个体,并在此基础上进行遗传操作,使种群中个体之间进行信息交换。特别是遗传算法的适应度函数不仅不受连续可微的约束,而且其定义域也可以任意设定。对适应度函数的唯一要求是能够算出可以比较的正值,遗传算法的这一特点使其应用范围大大扩展,非常适合于利用传统优化方法难以解决的复杂优化问题。

第三章 人工智能在智慧城市中的应用

第一节 智慧安防

安防系统是实施安全防范控制的重要技术手段,在当前安防需求膨胀的形势下,其在安全技术防范领域的运用也越来越广泛。但目前所使用的安防系统主要依赖人的视觉判断,而缺乏对视频内容的智能分析,由此使得安防系统只能完成一定时间内的视频存储,仅可为事后分析提供证据。而其在事前预、报警的缺位,也让保平安的意义大打折扣。

我国安防产业萌芽于20世纪70年代末至20世纪80年代初,虽然比国外发达国家起步晚了近20年,但一路发展过来也已经走过了起步阶段、初步发展阶段和高速发展阶段,目前步入成熟阶段。我国的安防产业经历了40多年的发展,从最初的只能用于一些非常重要或特殊的单位和部门,到现在应用领域大幅拓展,安防摄像头随处可见,我国安防产业发生了翻天覆地的变化,取得了巨大的进展。

一、智慧安防的概念与特征

(一)智慧安防的概念

安防,顾名思义,就是安全防范。这个行业的发展伴随着国内智慧城市的建设被推向高潮,安防行业作为智慧城市的安全之门,同时也担负着智慧城市中视频图像识别的"智慧之眼",经过多年高速发展,已形成一个庞大的产业。在经历数字化、网络化发展后,安防行业在人工智能技术助推下向智能化深度发展。

传统的安防企业、新兴的人工智能初创企业，都开始积极拥抱人工智能，在图像处理、计算机视觉以及语音信息处理等方面持续创新。在产品应用层面，人工智能技术不断进步，传统的被动防御的安防系统升级成为主动判断和预警的智慧安防系统，安防从单一的安全领域向多行业应用、提升生产效率、提高生活智能化程度方向发展。

而人工智能技术之所以在安防行业应用得如火如荼，其根本原因是具备了人工智能落地的两个条件：一是拥有大量的数据，安防行业部署的摄像机全天候采集车辆、人脸信息，为智能化应用带来更准确、优质的数据；二是智能化技术的提升，为视频图像的目标检测和跟踪技术应用的再次升级提供了坚实的技术基础。[1]人工智能在安防产业的应用已是大势所趋，应用前景巨大，众多企业纷纷抢占"人工智能+安防"新风口。

从应用场景来看，人工智能+安防已应用到社会的各方面，如公安、交通、楼宇、金融、商业和民用等领域。

未来，人工智能还将以视频图像信息为基础，打通安防行业各种海量信息，并在此基础上，充分发挥机器学习、数据分析与挖掘等各种人工智能算法的优势，为安防行业创造更多价值。

(二)智慧安防的特点

1.数字化。信息化与数字化的发展，使得安防系统中以模拟信号为基础的视频监控防范系统向全数字化视频监控系统发展，系统设备向智能化、数字化、模块化和网络化的方向发展。

2.集成化。安防系统的集成化包括两方面：一方面是安防系统与小区其他智能化系统的集成，如将安防系统与智能小区的通信系统、服务系统及物业管理系统等集成，这样可以共用一条数据线和同一计算机网络，共享同一数据库；另一方面是安防系统自身功能的集成，将影像、门禁、语音、警报等功能融合在同一网络架构平台中，可以提供智能小区安全监控的整体解决方案，诸如自动报警、消防安全、紧急按钮和能源科技监控等。

①高国俊.浅析智慧社区建设中安防技术的深度应用[J].中国安防，2019（3）：61—65.

二、智慧安防的应用

当前安防行业已呈现"无AI不安防"的新趋势,安防行业的人工智能技术主要集中在人脸识别、车辆识别、行人识别、行为识别、结构化分析和大规模视频检索等方面。

在安防行业中与智能化结合最成功的领域——智能视频图像相关的应用领域,如警戒线、区域入侵、人群聚集、暴力行为侦测、物品遗失、火焰侦测、烟雾侦测、离岗报警、人流统计、车流统计、车辆逆行和车辆违停等方面,安防与人工智能相结合的方式爆发了惊人的潜力。

(一)在公安行业的应用

公安行业用户的迫切需求,是在海量的视频信息中发现犯罪嫌疑人的线索。人工智能在视频内容的特征提取、内容理解方面有着天然的优势。前端摄像机内置人工智能芯片,可实时分析视频内容,检测运动对象,识别人、车属性信息,并通过网络传递到后端人工智能的中心数据库进行存储。汇总后形成城市级海量信息,再利用强大的计算能力及智能分析能力进行识别。人工智能可对嫌疑人的信息进行实时分析,给出最可能的线索建议,并将犯罪嫌疑人的轨迹锁定由原来的几天缩短到几分钟,为案件的侦破节约宝贵的时间。其强大的交互能力,还能与办案民警进行自然语言方式的沟通,真正成为办案人员的专家助手。

(二)在交通行业的应用

在交通领域,随着交通卡口的大规模联网,汇集的海量车辆通行记录信息,对于城市交通管理有着重要的作用,利用人工智能技术,可实时分析城市交通流量,调整红绿灯时间间隔,缩短车辆等待时间,提升城市道路的通行效率。城市级的人工智能大脑,实时掌握着城市道路上通行车辆的轨迹信息、停车场的车辆信息以及小区的停车信息,能提前半个小时预测交通流量变化和停车位数量变化,合理调配资源、疏导交通,实现机场、火车站、汽车站、商圈的大规模交通联动调度,提升整个城市的运行效率,为居民的出行畅通提供保障。

（三）在智能楼宇领域的应用

在智能楼宇领域，人工智能是建筑的大脑，综合控制着建筑的安防、能耗，对于进出大厦的人、车、物实现实时的跟踪定位，区分办公人员与外来人员，监控大楼的能源消耗，使得大厦的运行效率达到最优，延长大厦的使用寿命。智能楼宇的人工智能系统可汇总整个楼宇的监控信息、刷卡记录等。同时，室内摄像机能清晰捕捉人员信息，在门禁刷卡时实时比对通行卡信息及刷卡人脸部信息，检测出盗刷卡行为，还能区分工作人员在大楼中的行动轨迹和逗留时间，发现违规探访行为，确保核心区域的安全。

（四）在工厂园区的应用

工业机器人由来已久，但大多数是固定在生产线上的操作型机器人。可移动巡线机器人在全封闭无人工厂中将有着广泛的应用前景。在工厂园区场所，安防摄像机主要被部署在出入口和周界，对内部边边角角的位置无法监控，而这些地方恰恰是安全隐患的死角，利用可移动巡线机器人定期巡逻，读取仪表数值，分析潜在的风险，能保障全封闭无人工厂的可靠运行，真正推动"工业4.0"的发展。

（五）在民用安防的应用

在民用安防领域，每个用户都是极具个性化的，利用人工智能强大的计算能力及服务能力，为每个用户提供差异化的服务，提升个人用户的安全感，能确实满足人们日益增长的服务需求。以家庭安防为例，当检测到家庭中没有人员时，家庭安防摄像机可自动进入布防模式，有异常时，给予闯入人员声音警告，并远程通知家庭主人；而当家庭成员回家后，又能自动撤防，保护用户隐私。夜间，通过一定时间的自学习，掌握家庭成员的作息规律，在主人休息时启动布防，确保夜间安全，省去人工布防的烦恼，真正实现人性化。

（六）在建筑工地的应用

建筑业是一个安全事故多发的高危行业，针对工地监控盲区大、监督管理难、外包人员管理难等痛点，在人工智能技术的帮助下，传统建筑施工管理逐步走向智能化、人性化安全管控。

针对工地场景下"人的不安全行为""物的不安全状态""工地综合管理"三大核心问题,通过安装在作业现场的各类监控装置,构建智能监控和防范体系,自动识别工地人员防护用具穿戴情况、危险行为动作以及外来人员、车辆闯入等,并对分布于各地的建筑工地进行远程监控,实现对人员、机械、材料和环境的全方位实时监控,变被动"监督"为主动"预警"。

三、智慧安防基础技术

(一)智能视频识别技术

前面介绍了人工智能技术在安防及相关行业有庞大的应用场景,且主要集中在视频图像领域。过去,海量视频图像数据给工作人员带来极大的工作压力。而进入大数据时代,安防行业中的海量视频图像数据反而为深度学习奠定了基础,人脸识别、车牌识别、行为分析等全面智能化带来的全新应用方向都是基于图像的应用。其中,智能视频识别技术发挥了重要作用。

1.智能视频识别技术的概念。智能视频分析是使用计算机图像视觉分析技术,借助于计算机芯片强大的数据处理功能,通过将场景中背景和目标分离进而提取、比对和分析画面中的关键信息,对视频画面进行高速分析。使用时,用户可以根据分析模块,通过在不同摄像机的场景中预设不同的非法规则。一旦目标在场景中出现了违反预定义非法规则的行为,系统会自动发出警告信息,并且会根据预先定义好的相关联动设备进行触发联动动作,用户可以通过点击报警信息,实现报警的场景重组并采取相关的预防措施。

涉及的"人"识别技术,主要有生物特征检测、生物特征识别、行为特征识别等,广泛应用于重要出入口,特别适用于人流量大、人口成分复杂的大型小区。

涉及的"车"识别技术,主要有车牌检测、车牌识别、车身颜色识别、车型检测,广泛应用于大型商业中心停车场的管理与收费等。例如,聚光智能停车场车位引导系统已经成功运用在多个大型商业停车场中。

涉及的"事"识别技术,主要有周界防范、行为防范、人(车)流量统计、人群聚集等,其中行为分析包括快速移动检测、交通拥堵检测、周界跨线检测、排队异常检测等情况,广泛应用于智慧社区周界防范等。

涉及"视频增强"技术,主要有视频浓缩、图像清晰化、视频故障诊断等,借助这些技术,可以有效缩短时间快速查找目标视频、增强视频图像效果、快速准确锁定视频故障类型,从而提高视频分析的能力和质量。

2.智能视频分析技术。视频分析技术在结构上有两种方式:前端视频分析和后端视频分析。

(1)前端视频分析:就是采用具有智能分析模块功能的前端摄像机,此摄像机即可实现车牌识别、行为异常报警、移动侦测报警、入侵检测报警、物品遗留识别报警等功能,然后把提取的视频相关特征数据和视频图像一起往后台中心传送,由后台中心进行集中管理、控制、显示和储存。前端视频分析使视频实时分析预警成为可能,可大大节省传输和存储资源。目前,前端视频分析的应用主要适用于高清网络摄像机。

(2)后端视频分析:即前端采用无智能分析模块的摄像头,前端摄像机把采集到的视频图像往后台中心传输,由后台的智能分析服务器针对视频图像进行分析和识别。其后台智能监控软件的核心是由各种算法组成的,不同的算法应用在不同的场景之中,而且各种应用场景会随着具体环境的改变而改变;整个分析运算和处理都是由后台中心相关的服务器和软件完成的。

随着视频图像的存储,后台的存储设备保存着海量的历史视频数据,这些视频一般都很少再调用,但在实际的管理和使用中,往往会根据某种需求对历史视频进行搜索找出目标视频,在这海量的历史视频数据中查找,要消耗大量的时间和人力。所以,采用"智能检索"也是一种智能视频分析技术,它根据所定义的规则或要求,对保存在存储设备中的历史视频数据进行快速比对,把符合规则或要求的视频集中到一起,这样就能快速检索到目标视频。

(二)人脸识别技术

人脸识别是图像识别的一个应用场景,通常也叫作人像识别、面部识别。人脸识别是基于人的脸部特征信息进行身份识别的一种生物识别技术,用摄像机或摄像头采集含有人脸的图像或视频流,并自动在图像中检测和跟踪人脸,进而对检测到的人脸进行脸部识别的一系列相关技术。

人脸识别技术的主要流程包含人脸图像采集及检测、人脸图像预处理、人脸图像特征提取以及匹配与识别。

1.人脸图像采集及检测。

(1)人脸图像采集:当用户在采集设备的拍摄范围内时,采集设备会自动搜索并拍摄用户的人脸图像。该流程一般由摄像头模组完成(RGB摄像头、红外摄像头或者3D摄像头等)。

(2)人脸检测:实际中主要用于人脸识别的预处理,即在图像中准确标定出人脸的位置和大小。人脸图像中包含的模式特征十分丰富,如直方图特征、颜色特征、模板特征和结构特征等。人脸检测就是把其中有用的信息挑出来,并利用这些特征进行检测。

2.人脸图像预处理。该过程是基于人脸检测结果,对图像进行处理并最终服务于特征提取的过程。人脸识别系统获取的原始图像由于受到各种条件的限制和随机干扰,往往不能直接使用,必须在图像处理的早期阶段对它进行灰度校正、噪声过滤等预处理。

主要预处理过程包括人脸对准(得到人脸位置端正的图像),人脸图像的光线补偿,灰度变换,直方图均衡化、归一化(取得尺寸一致、灰度取值范围相同的标准化人脸图像),几何校正,中值滤波(图片的平滑操作以消除噪声)以及锐化等。

3.人脸图像特征提取。这是针对人脸的某些特征进行的,也称为人脸表征,它是对人脸进行特征建模的过程。可使用的特征通常分为视觉特征、像素统计特征、人脸图像变换系数特征和人脸图像代数特征等。

4.匹配与识别。提取的人脸特征值数据与数据库中存储的特征模板进行搜索匹配,通过设定一个阈值,并通过对比来对人脸的身份信息进行判断。

(三)人脸识别技术的应用

人脸识别技术应用范围很广,在很多领域有着广阔的应用场景,如:

①企业、住宅安全和管理。如人脸识别门禁考勤系统、人脸识别防盗门等；②电子护照及身份证；③公安、司法和刑侦；④自助服务。如银行的自动提款机，如果同时应用人脸识别就会避免被他人盗取现金现象的发生；⑤信息安全。如计算机登录、电子政务和电子商务等。在电子商务中交易全部在网上完成，电子政务中的很多审批流程也都搬到了网上。而当前，交易或者审批的授权都是靠密码来实现，如果密码被盗，就无法保证安全。但是使用生物特征，就可以做到当事人在网上的数字身份和真实身份统一，从而大大增加电子商务和电子政务系统的可靠性。

在安防系统中的应用主要分为身份验证和身份识别两种模式。身份验证主要应用于门禁系统、考勤系统、教育考试系统等；身份识别在海关、机场、公安等场合和部门广泛应用，对待查人员身份进行识别，能够有效确认被拐人口、在逃不法分子等人员信息。

第二节 智慧交通

20世纪末，随着社会经济和科技的快速发展，城市化水平越来越高，机动车保有量迅速增加。交通拥挤、交通事故救援、交通管理、环境污染、能源短缺等问题已经成为世界各国面临的共同难题。无论是发达国家，还是发展中国家，都毫无例外地承受着这些问题的困扰。在此大背景下，诞生了实时、准确、高效的综合运输和管理系统，即智能交通系统（Intelligent Transportation System，ITS）。

智能交通系统将人、车、路三者综合起来考虑。在系统中，运用了信息技术、数据通信传输技术、电子传感技术、卫星导航与定位技术、电子控制技术、计算机处理技术及交通工程技术等，并将这些技术有效地集成应用于整个交通运输管理体系中，从而使人、车、路密切配合，达到和谐统一，发挥协同效应，极大地提高了交通运输效率，保障了交通安全，改善了交通运输环境，提高了能源利用效率。

一、智慧交通的概述

(一)智慧交通的概念

电子信息技术的发展,"数据为王"的大数据时代的到来,为智慧交通的发展带来了重大的变革。2009 年,IBM 提出了智慧交通的理念,智慧交通是在智能交通的基础上,融入物联网、云计算、大数据、移动互联等高新 IT 技术,通过高新技术汇集交通信息,提供实时交通数据下的交通信息服务。其大量使用了数据模型、数据挖掘等数据处理技术,实现了智慧交通的系统性、实时性、信息交流的交互性以及服务的广泛性。

物联网、云计算、大数据、移动互联等技术在交通领域的发展和应用,不仅给智慧交通注入新的技术内涵,也对智慧交通系统的发展和理念产生巨大影响。随着大数据技术研究和应用的深入,智慧交通在交通运行管理优化,面向车辆和出行者的智慧化服务等各方面,将为公众提供更加敏捷、高效、绿色、安全的出行体验,创造更美好的生活。

(二)智慧交通系统

智慧交通由 5 个系统组成:交通信息服务系统(VICS)、交通管理系统(TMS)、公交车辆运营管理系统、电子收费系统(ETC)、车辆控制系统(VCS)。

1.交通信息服务系统。交通信息服务系统由交通信息基础平台和交通信息发布平台两部分组成。首先,交通信息发布平台通过交通信息基础平台提供的数据访问接口,实时获取为出行者服务的交通信息;或者根据导航终端请求类型,读取导航服务和路径规划信息;其次,交通信息发布平台生成 RDS-TMC 或 GPRS-TMC 消息,经过编码设备由 FM 无线传输网作为 RDS 信号进行传输,或由 GPRS 无线传输媒介利用 UDP 协议进行广播;最后,支持 RDS 或者 GPRS 的导航终端接收 TMC 数据,并由硬件或者软件解码器解码,并将其作为一个可视的或语音信息提供给驾驶员。

另外,若导航终端支持 RDS 和 GPRS 双重通信功能。则以 RDS-TMC 方式完成通用交通信息的发布。使用 GPRS-TMC 通信协议,完成个性化交通信息服务的提供,即通过 GPRS 通信方式与交通信息服务系统进行数据交互,依据交通信息基础平台收集的数据,提供行车导航服务、路径规划等功能,很大程度上弥补了导航终端信息缺乏、资源有限的不足。

2.交通管理系统。交通管理系统利用先进的运维管理系统、计算机通信技术,将智能交通外场电子警察、信号、诱导、视频等设备以及内场计算机设备、工业交换机设备、光纤交换机设备、存储设备、网络通信,科学地管理起来,结合信息技术基础架构库(Information Technology Infrastructure Library,ITIL)运维思想,通过资产管理、事件管理、配置管理、问题管理、知识库管理等手段,实现智慧交通设备运维的自动、高效、有的放矢。

3.公交车辆运营管理系统。公交车辆运营管理系统充分利用DSRC定位技术、GIS地理信息技术、无线通信技术、计算机控制技术、数据库管理技术等多种信息技术手段,构建完整的公交运营车辆信息采集、跟踪、处理、发布和车辆管理平台,并为乘客提供自动的语音报站功能。

公交车辆运营管理系统由指挥调度中心和车载终端及信息管理终端组成。指挥调度中心包括总指挥调度中心(主监控调度中心)、分指挥调度中心(分公司监控调度中心)、线路调度中心。

4.电子收费系统。电子收费系统是目前世界上最先进的收费系统,是智慧交通系统的服务功能之一,过往车辆通过道口时无须停车,即能够实现自动收费。它特别适于在高速公路或交通繁忙的桥隧环境下使用。

电子收费系统主要有两种形式:一是汽车上安装ETC车载设备,并带有专用的IC卡或其他专用磁性条形码卡;当插入专用卡后,汽车通过电子收费口时,利用收费口通信天线与车载设备之间进行通信,计算机收费系统和专用卡双方均完成对通行费的记录,从而实现电子结算收费;同时车载设备通过液晶显示器可以显示通过时间、行程和所需费用,运输企业管理者还可以通过车载设备查询收费情况;二是将一种专用电子卡放在汽车挡风玻璃处,当汽车通过电子收费口时,收费口处的读卡器直接读出专用电子卡上的信息,完成一次电子结算收费;有的在读卡的同时,还启动摄像机,摄下汽车的牌照号码。

5.车辆控制系统。车辆控制系统是对车辆本身而言的,辅助驾驶员驾驶汽车或替代驾驶员自动驾驶汽车的系统。主要包括行车安全警报系统与行车自控和自动驾驶系统两大部分。该系统通过安装在汽车前部和旁侧的雷达或红外探测仪,可以准确地判断车与障碍物之间的距离,遇紧急情况,车载电脑能及时发出警报或自动刹车避让,并根据路况自己调节行车速度,人称"智能汽车"。

二、智慧交通的应用

当前,随着我国城市化水平和人们生活水平的快速提升,城市交通的承载量日益增大,城市交通的问题也逐渐突出,如交通拥堵、交通污染、交通事故频发等,这些都成为交通管理部门非常关注的焦点,更是智慧交通建设过程中不可忽视的问题。目前,智慧交通在城市中的应用现状主要体现如下。

第一,智能公交。通过射频识别(Radio Frequency Identification,RFID)、传感等技术,实时了解公交车的位置,实现弯道及路线提醒等功能。同时能结合公交的运行特点,通过智能调度系统,对线路、车辆进行规划调度,实现智能排班。

第二,共享自行车。通过配有 GPS 或 NB-IoT 模块的智能锁,将数据上传到共享服务平台,实现车辆精准定位、实时掌控车辆运行状态等。

第三,车联网。利用先进的传感器、RFID 以及摄像头等设备,采集车辆周围的环境以及车辆自身的信息,将数据传输至车载系统,实时监控车辆运行状态,包括油耗、车速等。

第四,充电桩。运用传感器采集充电桩电量、状态监测以及充电桩位置等信息,将采集到的数据实时传输到云平台,通过 App 与云平台进行连接,实现统一管理等功能。

第五,智能红绿灯。通过安装在路口的一个雷达装置,实时监测路口的行车数量、车距以及车速,同时监测行人的数量以及外界天气状况,动态地调控交通信号灯,提高路口车辆通行率,减少交通信号灯的空放时间,最终提高道路的承载力。

第六,汽车电子标识。汽车电子标识,又叫电子车牌,通过 RFID 技术,自动地、非接触地完成车辆的识别与监控,将采集到的信息与交管系统连接,实现车辆的监管以及解决交通肇事、逃逸等问题。

第七，智慧停车。在城市交通出行领域，由于停车资源有限、停车效率低下等问题，智慧停车应运而生。智慧停车以停车位资源为基础，通过安装地磁感应、摄像头等装置，实现车牌识别、车位的查找与预订以及使用App自动支付等功能。

第八，高速无感收费。通过摄像头识别车牌信息，将车牌绑定至微信或者支付宝，根据行驶的里程，自动通过微信或者支付宝收取费用，实现无感收费，提高通行效率、缩短车辆等候时间等。

三、智慧交通的基础技术

（一）智能汽车技术

智能汽车是搭载先进车载传感器、控制器、执行器等，融合现代通信与网络技术，实现人、车、路、后台等智能信息交换共享，具备复杂环境感知、智能决策、协同控制和执行等功能，可实现安全、舒适、节能、高效行驶，并最终可替代人来操作的新一代汽车。汽车被认为是继手机之后，下一个智能终端。

1.硬件——智能感知设备集成化。自动驾驶汽车是智能汽车技术的代表，可以理解为"站在四个轮子上的机器人"，利用传感器、摄像头及雷达感知环境，使用GPS和高精度地图确定自身位置，从云端数据库接收交通信息，利用处理器使用收集到的各类数据，向控制系统发出指令，实现加速、刹车、变道、跟随等各种操作。硬件主要包括激光测距仪、车载雷达、视频摄像头、微型传感器、GPS导航定位及电脑资料库等。

2.软件——智能驾驶辅助系统集成化（Advanced Driving Assistance System，ADAS）。高级驾驶辅助系统利用安装在车上的各式各样的传感器，在汽车行驶过程中随时感应周围环境，收集数据，进行静态、动态物体的辨识、侦测与追踪，并结合导航数据，进行系统的运算与分析，从而预先让驾驶者察觉到可能发生的危险，有效增加汽车驾驶的舒适性和安全性。

（1）定速巡航、自适应巡航系统：定速巡航系统（Cruise Control System，CCS）使车辆可按照一定的速度匀速前进，无须踩油门，需要减速时，踩刹车即可自动解除。自适应巡航系统(AdaptiveCruiseControl，ACC)在定速巡航功能之上，还可根据路况保持预设跟车距离以及随车距变化自动加速与减速，刹车后不能自动起步。全速自适应巡航系统相较于自适应巡航系统，工作范围更大，刹车后可自动起步。

(2)车道偏离预警系统：车道偏离警示系统包括并线辅助和车道偏离预警。并线辅助也叫盲区监测，是辅助并线的，只能做到提醒，不能完成并线。车道偏离预警，大部分以摄像头作为眼睛，摄像头实时监测车道线，偏离时以图像、声音、震动等形式提醒驾驶员。

(3)智能刹车辅助系统：智能刹车辅助系统包括机械刹车辅助系统和电子刹车辅助系统。机械刹车辅助系统也称为BA或BAS，实质是在普通刹车加力器基础上修改而成，在刹车力量不大时，起加力器作用，随着刹车力量增加，加力器压力室压力增大，启动防抱死刹车系统(ABS)，它是电子紧急刹车辅助装置的前身。电子刹车辅助系统也称为EBA，其利用传感器感应驾驶员对刹车踏板踩踏的力度、速度，通过计算机判断其刹车意图。若属于紧急刹车，EBA指导刹车系统产生高油压发挥ABS作用，使刹车力快速产生，缩短刹车距离；对于正常情况刹车，EBA通过判断不予启动ABS。

(4)自动泊车系统：自动泊车系统包括超声波探测、摄像头识别及切换泊车辅助挡。系统自带超声波传感器，探测出适合的停车空间，摄像头自动检索停车位置，并在空闲的停车位旁边自动开始驻车辅助操作，切换泊车辅助挡自动接管方向盘来控制方向，将车辆停入车位。

(5)交通标志信号灯识别：交通标志识别(Traffic Sign Recognition，TSR)，是一种提前识别和判断道路交通标识的智能高科技。TSR的另一个效用是和车辆导航系统结合，实时识别道路交通标识并将信息传输给导航系统，提前通知驾驶员前方信号灯状况。另外，TSR也可和车辆巡航系统或者影像存储系统结合使用，更有效地帮助驾驶。

(6)疲劳驾驶预警系统：疲劳驾驶预警系统(Driver Fatigue Monitor System，DFM)，基于驾驶员生理图像反应，由车载计算机ECU和摄像头组成，利用驾驶员面部特征、眼部信号、头部运动性等推断疲劳状态，并进行报警提示和采取相应措施，对驾乘者给予主动智能的安全保障。

(7)夜视系统:夜视系统(Night Vision System,NVS)主要使用热成像技术,即红外热成像技术。任何物体都会散发热量,不同温度的物体散发的热量不同。夜视系统可收集这些信息,再转变成可视的图像,把夜间看不清的物体清楚地呈现在眼前,增加夜间行车的安全性。

(二)车联网

1.车联网概述。车联网(Internet of Vehicle,IOV)是指车与车、车与路、车与人、车与传感设备等交互,实现车辆与公共网络通信的动态移动通信系统。它可以通过车与车、车与人、车与路互联互通实现信息共享,收集车辆、道路和环境的信息,并在信息网络平台上对多源采集的信息进行加工、计算、共享和安全发布,根据不同的功能需求对车辆进行有效的引导与监管以及提供专业的多媒体与移动互联网应用服务。

车联网是能够实现智能化交通管理、智能动态信息服务和车辆控制的一体化网络,是物联网技术在交通系统领域的典型应用,是移动互联网、物联网向业务实质和纵深发展的必经之路,是未来信息通信、环保、节能、安全等发展的融合性技术。

车联网为车辆提供无处不在的网络接入、实时安全消息、多媒体业务、辅助控制等,包含车内网和车外网。车内网通过应用成熟的总线技术建立一个标准化的整车网络,实现电器间控制信号及状态信息在整车网络上的传递,实现车载电器的控制、状态监控以及故障诊断等功能。车外网用无线通信技术把车载终端与外部网络连接起来,实现车辆间、车辆和固定设施间的网络连接。

2.车联网架构。

(1)车联网系统架构:车联网技术是在交通基础设备日益完善和车辆管理难度不断加大的背景下提出的,到目前为止仍处于初步的研究探索阶段,但经过多年的发展,当前已基本形成了一套比较稳定的车联网技术体系结构。在车联网体系结构中,主要有三大层次,由高到低分别是应用层、网络层和感知层,如图3-1所示。

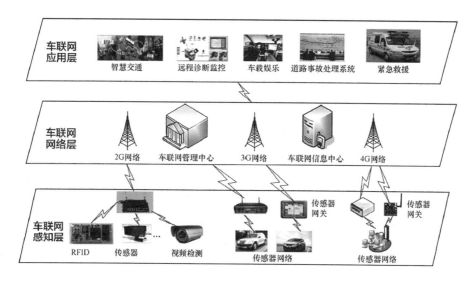

图 3-1　车联网系统架构

①应用层。应用层是车联网的最高层次,可以为联网用户提供各种车辆服务业务,从当前最广泛的业务内容来看,主要就是由全球定位系统取得车辆的实时位置数据,然后反馈给车联网控制中心服务器,经网络层的处理后进入用户的车辆终端设备,终端设备对定位数据进行相应的分析处理后,可以为用户提供各种导航、通信、监控、定位等应用服务。

②网络层。网络层主要功能是提供透明的信息传输服务,即实现对输入输出数据的汇总、分析、加工和传输,一般由网络服务器以及 Web 服务组成。GPS 定位信号及车载传感器信号上传到后台服务中心,由服务器对数据进行统一管理,为每辆车提供相应的服务,同时可以对数据进行联合分析,形成车与车之间的各种关系,打造局部车联网服务业务,为用户群提供高效、准确、及时的数据服务。

③感知层。由多种传感器及传感器网关构成,包括车载传感器和路侧传感器。感知层是车联网的神经末梢,是信息的来源。通过这些传感器,可以提供车辆的行驶状态信息、运输物品的相关信息、交通状态信息、道路环境信息等。

(2)车联网网络架构:车联网的网络架构主要由车和车之间的通信和车路之间的通信组成。车辆通过安装的车载单元(On board Unit,OBU)与其他车辆或者固定设施进行通信。这里的固定设施通常指的是路边单元(Road-side Unit,RSU)。车载单元包括信息采集模块、定位模块、通信模块等。路边单元一方面将车辆的信息上传至控制中心,另一方面也将控制中心下发的指令和相关信息传给车辆。控制中心将其管理区域内路侧单元获取的车辆相关信息进行汇总以对交通状况进行实时监控,包括交通管理模块、紧急事故处理模块、动态交通诱导模块、停车诱导模块等。此外,驾驶员和乘客也可通过智能手机等设备与车载单元和路边单元连接,获取所需的信息。

(3)车联网关键技术:车联网就是将多种先进技术有机地运用于整个交通运输管理体系而建立起的一种实时的、准确的、高效的交通运输管理和控制系统以及由此衍生的诸多增值服务。

①射频识别技术(RFID)。射频识别技术是通过无线射频信号实现物体识别的一种技术,具有非接触、双向通信、自动识别等特征,对人体和物体均有较好的效果。RFID不但可以感知物体位置,还能感知物体的移动状态并进行跟踪。RFID定位法目前已广泛应用于智慧交通领域,尤其是车联网技术中更是对RFID技术有强烈的依赖,成为车联网体系的基础性技术。RFID技术一般与服务器、数据库、云计算、近距离无线通信等技术结合使用,由大量的RFID通过物联网组成庞大的物体识别体系。

②传感网络技术。车辆服务需要大量数据的支持,这些数据的原始来源正是通过各类传感器进行采集。不同的传感器通过采集系统组成一个庞大的数据采集系统,动态采集一切车联网服务所需要的原始数据,如车辆位置、状态参数、交通信息等。当前传感器已由单个或几个传感器演化为由大量传感器组成的传感器网络,并且还能够根据不同的业务进行个性化定制,为服务器提供数据源,经过分析处理后作为各项业务数据为车辆提供优质服务。

③卫星定位技术。随着全球定位技术的发展,车联网的发展迎来了新的历史机遇,传统的GPS系统成为车联网技术的重要技术基础,为车辆的定位和导航提供了高精度的可靠位置服务,成为车联网的核心业务之一。随着我国北斗导航系统的日益完善并投入使用,车联网技术又有了新的发展方向,并逐步实现向国产化、自主知识产权过渡。北斗导航系统将成为我国车联网体系的核心技术之一,成为车联网核心技术自主研发的重要开端。

④无线通信技术。传感网络采集的少量数据需要通信系统传输出去才能得到及时处理和分析,分析后的数据也要经过通信网络的传输才能到达车辆终端设备。考虑到车辆的移动特性,车联网技术只能采用无线通信技术来进行数据传输,因此无线通信技术是车联网技术的核心组成部分之一。在各种无线传输技术的支持下,数据可以在服务器的控制下进行交换,实现业务数据的实时传输,并通过指令的传输实现对网内车辆的实时监测和控制。

⑤大数据分析技术。大数据(Big Data)是指借助于计算机技术、互联网,捕捉到数量繁多、结构复杂的数据或信息的集合体。在计算机技术和网络技术的发展推动下,各种大数据处理方法已经开始得到广泛的应用。常见的大数据技术包括信息管理系统、分布式数据库、数据挖掘、类聚分析等,成为不断推动大数据在车联网中应用的强大驱动力。

第三节　智慧楼宇

20世纪90年代初,通过对旧式建筑进行升级改造,对楼宇的空调、电梯、照明、防盗等设备采用计算机进行监测控制,为楼宇提供语音通信、文字处理和情报资料等信息服务,诞生了世界上第一座智慧楼宇,至此智慧楼宇概念才逐渐被大众所知。

智慧楼宇自引入我国市场后就迎来了高速发展,如今的智慧楼宇相对早期有着天翻地覆的改变,随着科技不断进步,以及城市化进程和智慧城市建设,其发展呈爆发式的增长趋势。高耗能、低效能一直是我国楼宇建筑中普遍存在的突出问题。一方面,企业对楼宇实现节能降耗从而降低运营成本这一旺盛的需求意味着智慧楼宇存在庞大的市场空间;另一方面,随着城市经济发展提速,传统楼宇经济模式也发生变革,迫切需要新的技术手段去打破僵局,打造出面向未来的绿色、智能、现代化的智慧楼宇。

一、智慧楼宇的基本概念

(一)智慧楼宇的概念

2019年8月在上海举行的"2019年世界人工智能大会"中的"AI赋能智慧建筑"论坛上,上海市楼宇科技研究会的"智慧楼宇评价指标体系"首次把智能化楼宇、绿色建筑、云计算等科技和楼宇综合管理融合在一起,形成了"智慧楼宇"(Smart Building)新的概念,并形成绿色建筑、自动化集成、现代物业管理和融入"智慧城市"等四大体系的评价方法与内容,受到海内外广泛关注。

智慧楼宇是以建筑物为平台,以通信技术为主干,利用系统集成的方法,将计算机技术、网络技术、自控技术、软件工程技术和建筑艺术设计有机地结合起来,打通各个孤立系统间的信息壁垒,使楼宇成为一个信息互通的智能主体,以实现对楼宇的智能管理及其信息资源的有效利用。智慧系统,就像是人的大脑,它是一个整体,将所有子系统融合在一起,不仅仅是硬件,而是通过软硬件的结合实现各个系统、网络的真正融合。比如,通过电子配线架能将布线连接信息和其他管理系统进行数据融合,不同系统间的数据可以自由流动和共享等。

(二)智慧楼宇的组成

第一,应用层由集中管理和分散应用的功能软件组成,仍旧符合"集散控制原则"。功能软件决定着IP功能控制器的应用范围和控制功能,并且能够在同一个管理软件层面实现不同功能控制需求,实现大融合的集成控制模式。

第二,网络层由传输媒介和IP功能控制器组成,通俗地说,就是以无线通信网络作为传输介质,通过物联网标准的通信协议将感知层信号传递给相应的IP功能控制器。

第三,感知层由各类网络传感器组成,包括楼控系统中的所有传感器、行业认知的摄像头等。

第四,云计算作为最上端的集中管理和控制平台,实现对建筑群的整体管控功能,运用"集散控制"原则将单栋建筑的"小集散控制"系统扩展至建筑群的"大集散控制"系统,使建筑群整体的传感单元(感知层的传感器)、控制单元(应用层的IP功能控制器和功能控制软件)、执行单元(应用层的IP功能控制器和现场执行设备)、反馈单元(感知层的反馈机构和传感器)组成大控制回路,实现建筑群的大闭环控制和管理。

第五,建筑级别的大容量现场存储设备,包括大量历史数据存储设备(现主要是建筑能耗采集服务器、存储服务器和分析服务器等)、视频存储设备(现主要是硬盘录像机等)将会逐步被网络备份系统——"云存储"平台替代。

(三)智慧楼宇的特点

1.智能化。作为管控对象的物本身更加智能化。

2.信息化。完全呈现物联网的整体架构,充分发挥物联网开放性的基本特点,并且最上层以云计算技术实现整体的管理和控制,提供全方位的信息交换功能,帮助楼宇内单位与外部保持信息交流畅通。

3.可视化。即将红外辐射传感器、各类门禁传感器、智能水电气表、消防探头等全部以网络化结构形式组成建筑"智慧化"大控制系统的传感网络,而后将其不可见状态通过数据可视化的形式清晰明了地呈现给用户,让用户对楼宇内状态有更加直观的感受。

4.人性化。即保证人的主观能动性,重视人与环境的协调,使用户能随时、随地、随心地控制楼宇内的生活和工作环境。

5.简易化。工程建设更加简易,功能更加强大和细致,让生活更加舒适,人与自然更加和谐。

6.节能化。由于建筑等级的提高,楼宇中各种新设备的数量有所增加,实现互联互通之后,能源互联网使能源消耗、碳排放指标和生活需求都能够被打通变成数据,通过收集、整理、挖掘这些运行数据,结合云计算、云存储等新技术,应用大数据分析,根据不同能源用途和用能区域进行分时段计量和分项计量,分别计算电、水、油、气等能源的使用,并且对能耗进行预测,能了解不同的能源使用情况和用户对能源的需求,及时对能源进行有效分配,也可以找出同类型建筑的能源消耗,实现对能源的高效管理。这对于设立各种类型的建筑节能标准具有指导意义,通过物联网技术,可以有效地提高建筑的智能化和节能效果。

(四)智慧楼宇的功能

1.大数据为楼宇提供云服务。楼宇大数据的采集和分析让楼宇云服务成为可能。智慧楼宇的系统网络可对物业数据进行自动追踪,了解物业人员的偏好,自动配置照明、暖通、电梯等系统。此外,智慧楼宇行业也渐渐注重被传统楼宇企业忽略的客户数据,通过追踪客户的作息时间、消费行为等数据,给客户提供更好的服务体验,甚至为商家创造商机。

2.增强楼宇自动感知能力。智慧楼宇需要部署大量的传感器,除了常见的温度、湿度、光照度传感器以外,还有现在新兴的空气质量传感器,包括CO_2传感器、PM2.5传感器、甲醛传感器等。物联网技术实现传感器之间互联互通,增强楼宇自动感知能力。

3.物联网使楼宇高度集成。物联网是互联网计算模式的进一步发展。通过物联网,智能建筑中如照明、暖通、安防、通信网络等子系统,已经可被集成到同一平台上进行统一管理,实现相互间的数据分享。这一趋势不仅要求系统集成商能够提供标准协议接口,开放集成其他应用,而且要求其不断完善,提供更优质的整合解决方案。

另外,智慧楼宇综合管控平台对楼宇进行集中监管、能源管理、运维管理等,实现各系统联动控制、协同处置,降低能源消耗、运维成本,提升楼宇环境舒适度,延长设备设施寿命,打造安全、舒适、便捷、智慧的楼宇,实现精细化管理目标,为人们提供安全、高效、便捷、节能、环保、健康的环境。

二、智慧楼宇的应用

(一)智慧楼宇的应用场景

一幢幢钢筋水泥构筑起来的大楼,如何通过先进的技术和应用,让它变得智慧起来,使其具备聪明的"大脑"和敏锐的视觉、感觉、听觉以及触觉,可以对信息进行收集、处理和做出适当反应,正成为各方关注的热点。

1.停车场——智慧停车,无须兜兜转转找车位。停车难、停车管理难,是许多楼宇面临的共同问题。有了智慧停车服务后,一切就会变得简单。车辆到达楼宇停车场门口时,通过摄像头对车牌进行自动识别,识别通过后道闸自动开启,无须人工干预。寻找车位停车也不用兜兜转转,通过地磁和超声波传感器,什么地方有停车位变得可视化,车主可以直奔空车位而去。智慧停车提供的"反向寻车"服务,可将车主直接"导航"至停车位。离开时,也不需要停下车来,只要将支付方式和车牌进行绑定,识别后就能进行无感支付。

2.电梯——智慧电梯,实时监控、故障实时告警。停好车,走到楼宇入口,按下电梯按键,等着电梯的到来。但是,这部电梯"健康"程度如何?是否足够安全呢?智慧楼宇解决方案中的智慧电梯应用,能提供电梯全生命周期管理,推动被动维护走向预测性维护,保障电梯安全。即使是传统电梯,也可以通过加装多种传感器,来获取电梯的运行数据,对隐患进行预判。一旦相应的指标出现异常或者达到临界值,系统就会及时告知物业,电梯存在何种隐患,进而及时通知技术人员进行维修。通过电梯内安装的智能摄像头,管理人员可以对轿厢内的情况进行实时视频查看,当发生人员被困的情况,可以实时通过电话与短信通知相关人员,并进行视频通话和救援。

3.大堂、商场——智慧客流,楼宇管理好帮手。出了电梯,来到楼宇大堂,这里人员不停地进出,有楼宇内的工作人员,也有访客、快递小哥这些外来人员。很多楼宇大堂都安装了摄像头,但是一直以来这些摄像头只是起到拍摄视频的作用。

有了智能客流分析系统后,在此基础上可以进行识别和人流分析,为物业管理决策提供参考和依据。比如,某楼宇对人流分析后发现,在外来人员的构成中,快递和外卖小哥的占比颇高,那么物业就可以考虑在大堂设置专门的快递点、外卖点,从而避免快递人员频繁进出,给内部办公区域带来不利影响。

不少楼宇内设有购物商场、饮食广场,这些是人流量较大的区域。通过智能客流分析系统,可以实时展现人流热力图,一旦区域内人员密度达到阈值,物业管理方可以及时采取措施,调集更多人力到现场进行保障。利用智能系统,还可以对顾客的人群特征和运动行为进行分析,帮助楼宇物业和商户更好地了解用户。

4.办公区域门口——智慧前台,企业办公变得智能高效。以前,企业所使用的传统考勤机、门禁系统等,存在效率低下、不能有效覆盖企业办公场景的问题。智慧前台的使用,则让企业人士再也没有这些烦恼。智慧前台采用了业内领先的人脸识别算法,能快速进行识别,员工只要看智慧前台终端一眼,就能极速打卡,考勤更加快速方便。

针对企业访客,内部人员可以事先在智慧前台录入访客的人脸信息,或者将特定的二维码发送给访客,访客到达后,可以刷脸或者直接扫码进入。

智慧前台还能打造智慧会议室,会议发起人可以通过智慧前台查看公司会议室的使用状态,并在线预订和选定与会人员。到开会时间,与会人员可以刷脸进入会议室。

5.大楼设备控制间——能耗监控,能源管理化静态为动态。一直以来,楼宇的能耗管控存在静态化现象,只能事后对着电费单、水费单进行粗略判断和简单应对,缺乏有效的数字化工具对能耗信息进行实时采集和分析,进而制定完善、细致的管理方案。

能源数字化管理解决方案,以虚拟现实技术为基础,充分利用数字化技术,用动态交互的方式全方位了解建筑全况,让能耗信息可视化。

通过感知设备云化管理,能降低前期投入,提高感知设备的管理效率。通过统一能效管理平台进行管理和控制,提高能源使用效率,减少楼宇运营成本,进而实现日常事件智慧处理,通过物联网、大数据的使用,实现数字管理向智能化管理转变。

(二)智慧楼宇的产品形态

智慧建筑=智能化的调度指挥系统(大屏)+智能管理系统(PC端)+智能终端App,由这三部分打造一套通用的智慧建筑监控管理指挥平台。

1.智能化的调度指挥系统(大屏)。即"一张图",集成所有数据信息,以直观的数据形态、楼宇形态展示数据内容,能够实现日常监控、报警、管理、调度等工作。大屏应能满足不同人员的需求。管理者看大屏,可以快速了解楼宇管理概况、楼宇健康运行状况、当前安全状况、环境状况、楼宇租赁及资源耗费情况等;工作人员看大屏可定位到自身岗位范围的楼宇健康状况或报警状况等;在写字楼上班的人可以查看公司所在楼层的环境状况;临时拜访人员,可通过大屏感受大厦整体环境,了解待去的公司位置信息,了解拜访流程等。数据内容包含人流管理、能源管理(水电消耗、能源消耗等)、环境监测(温度、空气、风量、雾霾)、设备管理(电梯,停车场,水管、空调、供暖、通风、供电等所有设备,消防设备的故障诊断、故障预测)、安全监测(视频、巡更、火源等)。

2.智能管理系统(PC端)。PC端重点实现的功能为管理和运维,楼宇各个自动化系统的详情查看、调用等,支持用户增删改查部分数据、报表,支持数据报表等的流转审批,支持生成定制化的数据看板等。重点是能集成楼宇各个自动化系统的数据,实现实时警报、历史数据查询功能。

3.智能终端App。由楼宇管理人员App+租赁方工作人员App+拜访人员App组成。

楼宇工作人员需要App实现办公自动化,例如,设备发生故障后去检修,可通过移动端App直接派单给相关工作人员,工作人员过去后可将故障类型、维修情况等信息通过App一键上传至管理中心。在楼宇上班的人通过App可实现自由出入、自由购物、办公打卡、办公流转等相关功能。拜访人员App:可开发相应小程序,楼宇内部办公企业将拜访人员提前在系统中报备,拜访人员到来时,可通过扫码进入小程序调取出入楼宇二维码、拜访流程、拜访企业位置信息、当前楼宇环境等相关信息。

三、智慧楼宇的基础技术

(一)物联网概念

物联网(Internet of things,IoT)概念最早出现于比尔·盖茨1995年《未来之路》一书,只是当时受限于无线网络、硬件及传感设备的发展状况,并未引起世人的重视。

1998年,美国麻省理工学院创造性地提出了当时被称作EPC系统的"物联网"的构想。1999年,美国Auto-ID具体提出"物联网"的概念,主要是建立在物品编码、RFID技术和互联网的基础上。在中国,物联网过去被称为传感网。中科院早在1999年就启动了传感网的研究,并取得了一些科研成果,建立了一些适用的传感网。同年,在美国召开的移动计算和网络国际会议提出,"传感网是下一个世纪人类面临的又一个发展机遇"。2003年,美国《技术评论》提出传感网络技术将是未来改变人们生活的十大技术之首。2005年11月17日,在突尼斯举行的信息社会世界峰会(WSIS)上,国际电信联盟(ITU)发布了《ITU互联网报告2005:物联网》,正式提出了"物联网"的概念。报告指出,无所不在的"物联网"通信时代即将来临,世界上所有的物体从轮胎到牙刷、从房屋到纸巾都可以通过互联网主动进行交换。射频识别技术(RFID)、传感器技术、纳米技术、智能嵌入技术将得到更加广泛的应用。

物联网是新一代信息技术的重要组成部分,IT行业又叫泛互联,意指物物相连,万物万联。由此,"物联网就是物物相连的互联网"。这有两层意思:第一,物联网的核心和基础仍然是互联网,是在互联网基础上延伸和扩展的网络;第二,其用户端延伸和扩展到了任何物品与物品之间,进行信息交换和通信。①因此,物联网的定义是通过射频识别、红外感应器、全球定位系统、激光扫描器等信息传感设备,按约定的协议,把任何物品与互联网相连接,进行信息交换和通信,以实现对物品的智能化识别、定位、跟踪、监控和管理的一种网络。

物联网的应用领域涉及各个方面,在工业、农业、环境、交通、物流、安保等基础设施领域的应用,有效推动了这些方面的智能化发展,使得有限的资源被更加合理地使用分配,从而提高了行业效率、效益。物联网应用于家居、医疗健康、教育、金融与服务业、旅游业等与生活息息相关的领域,使得这些行业从服务范围、服务方式到服务质量等方面都有了极大的改进,大大提高了人们的生活质量;在国防军事领域,虽然还处在研究探索阶段,但物联网应用带来的影响也不可小觑,大到卫星、导弹、飞机、潜艇等装备系统,小到单兵作战装备,物联网技术的嵌入有效提升了军事智能化、信息化、精准化,极大提升了军队战斗力,是未来军事变革的关键。

①梁禹鹏.基于物联网技术的未来智能楼宇系统探析[J].智能建筑与智慧城市,2022(1):113—115.

(二)物联网技术架构

物联网技术体系架构分为3层,自下而上分别是感知层、网络层和应用层。感知层是实现物联网全面感知的核心,是物联网中关键技术、标准化、产业化方面亟须突破的部分,其关键在于具备更精确、更全面的感知能力,并解决低功耗、小型化和低成本问题。网络层主要以广泛覆盖的移动通信网络作为基础设施,是物联网中标准化程度最高、产业化能力最强、最成熟的部分,关键在于对物联网应用特征进行优化改造,形成系统感知的网络。应用层提供丰富的应用,将物联网技术与行业信息化需求相结合,实现广泛智能化的应用解决方案,关键在于行业融合、信息资源的开发利用、低成本高质量的解决方案、信息安全的保障及有效商业模式的开发(图3-2)。

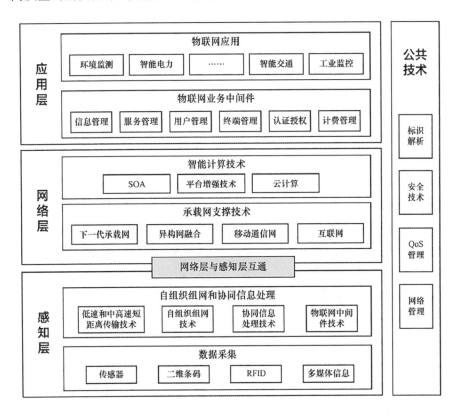

图3-2 物联网技术体系架构

（三）物联网关键技术

1.射频识别技术（RFID）。谈到物联网，就不得不提到物联网发展中备受关注的射频识别技术。RFID是一种简单的无线系统，由一个询问器（或阅读器）和很多应答器（或标签）组成。标签由耦合元件及芯片组成，每个标签具有词条唯一的电子编码，附着在物体上标识目标对象，它通过天线将射频信息传递给阅读器，阅读器将信息读取出来展示给用户。RFID技术让物品能够"开口说话"。这就赋予了物联网一个特性，即可跟踪性。就是说人们可以随时掌握物品的准确位置及其周边环境。

2.MEMS。MEMS是微机电系统（Micro-Electro-Mechanical Systems）的英文缩写，它是由微传感器、微执行器、信号处理和控制电路、通信接口和电源等部件组成的一体化的微型器件系统。其目标是把信息的获取、处理和执行集成在一起，组成具有多种功能的微型系统，集成于大尺寸系统中，从而大幅度地提高系统的自动化、智能化和可靠性水平。MEMS赋予了普通物体新的生命，使它们有了属于自己的数据传输通路，有了存储功能、操作系统和专门的应用程序，从而形成一个庞大的传感网。这让物联网能够通过物品来实现对人的监控与保护。遇到酒后驾车的情况，如果在汽车和汽车点火钥匙上都植入微型感应器，那么当喝了酒的司机掏出汽车钥匙时，钥匙能透过气味感应器察觉到一股酒气，就通过无线信号立即通知汽车"暂停发动"，汽车便会处于休息状态。同时"命令"司机的手机给他的亲朋好友发短信，告知司机所在位置，提醒亲友尽快来处理。不仅如此，未来衣服可以"告诉"洗衣机放多少水和洗衣粉最经济；文件夹会"检查"我们忘带了什么重要文件；食品蔬菜的标签会向顾客的手机介绍"自己"是否真正"绿色安全"。这就是物联网世界中被"物"化的结果。

3.M2M系统框架。M2M是Machine-to-Machine的简称，是一种以机器终端智能交互为核心的网络化的应用与服务。它将对管理对象实现智能化的控制。M2M技术涉及5个重要的技术部分：机器、M2M硬件、通信网络、中间件、应用。基于云计算平台和智能网络，可以依据物联网获取的数据进行决策，对对象的行为进行控制和反馈。拿智慧停车场来说，当该车辆驶入或离开天线通信区时,天线以微波通信的方式与电子识别卡进行双向数据交换,从电子车卡上读取车辆的相关信息,在司机卡上读取司机的相关信息,自动识别电子车卡和司机卡,并判断车卡是否有效和司机卡的合法性。另外,家中老人戴上嵌入智能传感器的手表,在外地的子女可以随时通过手机查询父母的血压、心跳是否稳定;智能化的住宅在主人上班时,传感器自动关闭水电气和门窗,定时向主人的手机发送消息,汇报安全情况。

4.云计算(Cloud Computing)。云计算旨在通过网络把多个成本相对较低的计算实体整合成一个具有强大计算能力的完美系统,并借助先进的商业模式让终端用户可以得到这些强大计算能力的服务。物联网感知层获取大量数据信息,在经过网络层传输以后,放到一个标准平台上,再利用高性能的云计算对其进行处理,赋予这些数据智能,才能最终转换成对终端用户有用的信息。

第四节 智慧政务

随着科技的不断进步,为提升办理效率和服务体验,采用人工智能、互联网、大数据等新技术的智慧政务,正成为当前热门产业之一。越来越多的现代化、智能化设备,逐渐出现在众多政务机构业务办理中。

从智能化管理来看,人工智能将在交通、环保、市场监管、公共安全等领域获得新的突破。另外,出于市场监管精准化的要求,有可能促进人工智能在市场监管乃至社会管理的某些特定领域发挥更大的作用。

人工智能充分利用人力资源和大数据,并通过专门设计的算法来实现更有针对性和更有效率的服务。政务人工智能应用不仅仅是语音识别、人脸识别等人工智能程序在政务中的局部应用,而且是人工智能与政府管理和服务相融合,实现更加高效和精准的政府管理和服务。人工智能最重要的价值在于自学习、自适应和自服务,人工智能与政府管理和服务相融合,使得政府管理和服务具有了智能的属性,能够不断进化和适应时代的发展,实现随需应变。它可以对整个城市进行全局实时分析,自动调配公共资源,修正城市运行中的问题。

一、智慧政务的概念与特征

(一)智慧政务的概念

智慧政务即通过"互联网+政务服务"构建智慧型政府,利用云计算、移动物联网、人工智能、数据挖掘、知识管理等技术,提高政府办公、监管、服务、决策的智能水平,形成高效、敏捷、公开、便民的新型政府,实现由"电子政务"向"智慧政务"的转变。运用互联网、大数据等现代信息技术,加快推进部门间信息共享和业务协同,简化群众办事环节、提升政府行政效能、畅通政务服务渠道,解决群众"办证多、办事难"等问题。其主要包括城市服务、智慧公安、智慧税务、智慧交管、智慧办公、智慧医疗、智慧教育等诸多政务垂直行业,覆盖各省、市、县各级行政单位,为公众提供多渠道、无差别、全业务、全过程的便捷服务。

(二)智慧政务的基本特征

透彻感知、快速反应、主动服务、科学决策、以人为本是智慧政务的基本特征,具体表现为以下4个方面。

1.公共服务覆盖范围日益广泛。智慧政务不断丰富服务类别,公共便民业务持续完善。结合业务职能和用户需求,在不同程度上整合教育、医疗卫生、交通、就业、社保、住房、企业服务等领域的相关政策、指南信息、业务表格、名单名录、业务查询、常见问题等资源,方便用户和企业使用。

2.民生互动交流渠道不断完善。很多政务网站已建立了多样化的互动渠道。九成以上的地方政府网站通过领导信箱、公众留言、在线咨询、在线投诉等渠道,接受公众和企业的咨询、投诉、意见和建议;七成地方政府网站建设了网上调查、民意征集、意见征集等栏目,并开通了在线意见提交功能;近三成的政府网站建设了直播面对面、在线访谈等实时交流平台,与公众进行深入交流。

3.网上办事大厅促进互联互通。为了解决职能交叉重叠导致的"信息孤岛"问题,将"联而不通"变成"互联互通",全国很多城市和地区都在积极探索建设网上办事大厅,将此作为打造智慧政务的关键环节。通过线上与线下的服务整合,将有关职能部门有机联系成一个整体,实现业务办理的互联互通。办事人可以在智能手机、电脑等多个终端办理业务,随时随地查看办事指南、进度流程、审批结果。网上办事大厅的建设,为打造服务政府、法治政府、阳光政府奠定了基础。

4."政务+新媒体"拓展沟通边界。越来越多的政府部门重视并利用新的互联网平台,强化宣传和互动效果。如通过政务微博、政务微信等,积极开展微访谈、微直播、微话题、微答疑,拓宽了政府互联网互动渠道,拉近了网民与政府之间的距离;以文字、图片、视频、访谈等多样化的解读方式,对相关政策的制定背景、依据、意图、实施路径等进行详细解读,便于社会公众理解。

二、智慧政务的应用

(一)智慧政务的应用场景

1.智慧税务。随着经济多元化发展、社会分工进一步细化、互联网技术日渐成熟,纳税人的经营范围越来越广泛,经济形态越来越复杂,仅仅依靠传统的纳税服务模式和手段,显然跟不上纳税服务科学化、管理精细化的形势要求,也无法满足纳税人日益增长的个性化、多样化的涉税需求。因此,需要一种高效便捷的智能化服务方式来满足纳税人的涉税需求。

无感采集人脸识别系统、智能云办税终端、24小时自助服务终端、智能税务数据平台等一系列以"智能"为核心的应用技术,为纳税人提供全流程无人无障碍办税体验,使得智慧税务成为智慧政务的重要应用领域。

通过大数据的采集分析,能够精确地辨识纳税人需求,对纳税人进行有针对性的纳税提醒、风险提示、信用评价等。同时,基于人工智能技术的特点,通过对信息数据的"深加工",关联分析税务工作中存在的突出问题,从中找到解决方案,以税务信息化的发展促进征收执法行为的规范。例如,通过对纳税咨询数据的智能分析,可将高频次、重复性的问题,通过智能语音、人机交互、来电前置解答等途径，实现全天候、7×24小时的纳税服务，降低税务机关的服务成本。由此可见，人工智能技术可作为推进纳税服务工作的突破口，实现纳税服务工作由简单粗放到精细多元、由生搬硬套到创新驱动的转型发展，这也是我国纳税服务工作改革的必然选择。

纳税人自助办税时，终端通过摄像头捕捉核验纳税人面部信息，"刷脸"完成身份确认后，可自动进入税收业务办理界面。与以往人工录入纳税人识别号的操作方式相比，仅此环节就可节省办税时间2分钟。此外，所有自助办税终端均增加了语音提示功能，部分终端可实现语音交互功能，纳税人可在语音引导下顺利完成涉税业务办理。

目前，人工智能自助办税服务厅，可为纳税人办理税务登记、发票办理、申报纳税、税务行政许可申请等7类95项涉税事务。原来人工办理需要2个多小时的税务登记业务，在人工智能自助办税服务厅10分钟内即可完成。另外，纳税人如需打印个人所得税纳税记录，只要将身份证放到自助办税终端操作台的感应区上，系统就会自动读取身份信息，并扫描纳税人面部影像，进行人证比对。比对通过后，纳税人使用"个人所得税"App扫码授权，就可以查询和打印自己的个人所得税纳税记录。通过"刷脸"比对身份信息，只要不到2分钟就可以打印出纳税记录，和办税服务厅开具的一模一样。

2.智慧城管。智慧城管是智慧政务的重要组成部分，其是新一代信息技术支撑、知识社会创新2.0环境下的城市管理新模式，可实现全面透彻感知、宽带泛在互联、智能融合应用，推动以用户创新、开放创新、大众创新、协同创新为特征的以人为本的可持续创新。

城市管理涉及面广、领域宽泛，是一项复杂的系统工程。如何高效快速地解决井盖丢了、路灯坏了等城市小病，如何有效监管环卫公司、城管队员工作情况，对现代化城市管理提出了挑战。

通过建设智慧城管系统，能够对市政设施进行宏观监督、对自管设备实现智能化管理，让城市管理工作更加有效。

3.智慧法院。智慧法院是依托现代人工智能，围绕司法为民、公正司法，坚持司法规律、体制改革与技术变革相融合，以高度信息化方式支持司法审判、诉讼服务和司法管理,实现全业务网上办理、全流程依法公开、全方位智能服务的人民法院组织、建设、运行和管理形态。

智慧法院平台运用人工智能、微信多路实时视频通话、人脸语音识别等技术,通过微信公众号提供网上调解、在线立案、微信庭审、举证质证、电子送达、卷宗借阅等在线诉讼服务,并支持远程审判全流程办案。平台包括"微诉平台"(全称"法信微诉平台",可为当事人、律师、人民陪审员等提供移动司法服务)等。

人工智能技术在司法审判中得以应用主要体现在以下几个方面:一是计算机视觉、图像和人脸识别技术助力实现诉讼主体身份验证以及证据的电子化和电子证据的举证、质证等在内的网上一体化诉讼运行机制;二是通过机器学习深度应用云计算和大数据,构建司法人工智能诉讼服务系统;三是充分利用算法及司法大数据的优势,构建诉讼智能系统或者平台,实现诉讼结果预判、类案推送等能力;四是机器人技术和语音识别技术的广泛应用。

目前我国已建成知识产权法庭信息化平台,全面支持专利案件上诉审理全流程电子管理以及语音调取证据、多方质证留痕、小证据 AR 展示、大证据远程展示等特色庭审应用,使案件全部运行情况始终处于严密的监控之中。

(二)智慧政务的主要应用设备

1.导向移动机器人。作为智能咨询的导向移动机器人,也是最前端、能够首先切实解决政务场景服务问题的新兴设备。

导向移动机器人在政务服务过程中,担任着最前端的咨询服务工作,民众可向机器人咨询相关业务所要注意事项、办理资料准备、排队取号等接待工作,导向移动机器人甚至还可智能解答民众提出的相关问题,大大缓解了接待工作人员的压力,也为政务服务带来更多的现代科技感和趣味性。

2.触控显示一体机。在导向移动机器人的组成中,触控显示一体机作为重要设备之一,是服务体验感最直观的接触设备。

政务机关可利用触控显示一体机构建这样的系统:政务介绍、法律法规解释、办事指引等;充分利多媒体,让大众了解政务机关;维护群众知情权,该系统也可以与人民法院相连接,分析展示案例;更好的民主监督,即可查询各个岗位负责人姓名和职责;体现"以人为本"的作风。

3.柜台办理一体机。柜台办理作为政务服务的重要一环,秉承智慧政务无纸化的发展理念,借助对讲机、一体机、摄像头等智能化设备,减少纸质资料的使用,用户只需在一体机上按照办理人员指示进行简单操作,就可快速办理好相关业务,可大大节约办理时间、提升办理速度,也是提升政务服务体验不可缺少的一环。

4.自助办理服务终端。在政务服务流程中,自助办理服务终端也是不可缺少的一环。对于一些基础政务办理,自助终端是更快速、更便捷的选择。民众只需通过相关身份认证,即可在自助终端中选择所需办理的业务,可避免排队耗时等现象。

三、智慧政务的基础技术

(一)云计算的概念

云计算是分布式计算的一种,指的是通过网络"云"将巨大的数据计算处理程序分解成无数个小程序,然后通过多部服务器组成的系统进行处理和分析,得到结果返回给用户。云计算早期,简单地说,就是简单的分布式计算,完成任务分发并进行计算结果的合并。通过这项技术,可以在很短的时间内(几秒钟)完成对数以万计的数据的处理,从而实现强大的网络服务。

现阶段所说的云计算服务已经不单单是一种分布式计算,而是分布式计算、效用计算、负载均衡、并行计算、网络存储、热备份冗杂和虚拟化等计算机技术混合演进并跃升的结果。

"云"实质上就是一个网络,狭义上讲,云计算就是一种提供资源的网络,使用者可以随时获取"云"上的资源,按需求量使用,并且可以看成是无限扩展的,只要按使用量付费就可以,"云"就像自来水厂一样,我们可以随时接水并且不限量,按照自己家的用水量,付费给自来水厂就可以。

从广义上说,云计算是与信息技术、软件、互联网相关的一种服务,这种计算资源共享池叫作"云",云计算把许多计算资源集合起来,通过软件实现自动化管理,只需要很少的人参与,就能快速提供资源。也就是说,计算能力作为一种商品,可以在互联网上流通,就像水、电、煤气一样,可以方便地使用,且价格较为低廉。

总之,云计算不是一种全新的网络技术,而是一种全新的网络应用概念,云计算的核心概念就是以互联网为中心,在网站上提供快速且安全的云计算服务与数据存储,让每一个使用互联网的人都可以使用网络上的庞大计算资源与数据中心。

(二)云计算的应用

1.存储云。存储云又称云存储,是在云计算技术上发展起来的一个新的存储技术。云存储是一个以数据存储和管理为核心的云计算系统。用户可以将本地的资源上传至云端,可以在任何地方连入互联网来获取云上的资源。大家所熟知的谷歌、微软等大型网络公司均有云存储的服务,在国内,百度云和微云则是市场占有量最大的存储云。存储云向用户提供存储容器服务、备份服务、归档服务和记录管理服务等,大大方便了使用者对资源的管理。

2.医疗云。医疗云是指在云计算、移动技术、多媒体、5G通信、大数据以及物联网等新技术基础上,结合医疗技术,使用云计算来创建医疗健康服务云平台,实现医疗资源的共享并扩大医疗服务范围。因为云计算技术的运用与结合,医疗云提高了医疗机构的工作效率,方便居民就医。像现在医院的预约挂号、电子病历、医保等都是云计算与医疗领域结合的产物,医疗云还具有数据安全、信息共享、动态扩展、布局全国的优势。

3.金融云。金融云是指利用云计算的模型,将信息、金融和服务等功能分散到庞大分支机构构成的互联网"云"中,旨在为银行、保险和基金等金融机构提供互联网处理和运行服务,同时共享互联网资源,从而解决现有问题并且达到高效、低成本的目的。2013年11月27日,阿里云整合阿里巴巴旗下资源并推出阿里金融云服务。其实,这就是现在基本普及了的快捷支付,因为金融与云计算的结合,现在只需要在手机上简单操作,就可以完成银行存款、购买保险和基金买卖。现在,不仅仅阿里巴巴推出了金融云服务,像苏宁、腾讯等企业均推出了自己的金融云服务。

4.教育云。教育云,实质上是指教育信息化。具体来说,教育云可以将所需要的任何教育硬件资源虚拟化,然后将其传到互联网,以向教育机构和学生、老师提供一个方便快捷的平台。现在流行的慕课(MOOC)就是教育云的一种应用。慕课指的是大规模开放的在线课程。现阶段慕课的三大优秀平台为Coursera、edX以及Udacity。在国内,中国大学MOOC也是非常好的平台。在2013年10月10日,清华大学推出了MOOC平台——学堂在线,许多大学现已使用学堂在线开设了一些课程的MOOC。

第四章 人工智能在智慧产业中的应用

第一节 智慧能源

目前,我国的能源利用效率还低于国际平均水平,能源发展要从实际出发,因地制宜,执行"开源与节流"并重的方针,开源的主要任务是尽可能多地接纳与使用可再生能源,节流的主要任务是节能与提高能源利用效率。

能源互联网与智慧能源将成为未来的发展趋势。期望通过能源互联网与智慧能源建设,能够为尽可能多地接纳可再生能源、提高能源利用效率、推动能源生产与能源消费实现根本性改变提供可行的解决方案。

2016年2月,由国家发展改革委、国家能源局、工业和信息化部联合印发了《关于推进"互联网+"智慧能源发展的指导意见》,其中指出在全球新一轮科技革命和产业变革中,需要加强互联网理念、先进信息技术与能源产业的深度融合,推动能源互联网新技术、新模式和新业态进一步发展,为我国能源产业的发展指明了方向。2020年10月,党的十九届五中全会强调,"十四五"期间应加快推进能源革命和能源数字化发展,推动实现能源资源配置更加合理、能源利用效率大幅提高、主要污染物排放总量持续减少的目标。深化现代信息技术与能源电力领域的融合,推动能源电力行业的智慧化转型,将为我国能源革命向纵深推进与行稳致远保驾护航。

一、智慧能源的基础理论

(一)智慧能源的概念

为适应文明演进的新趋势和新要求,人类必须从根本上解决文明前行的动力困扰,实现能源的安全、稳定、清洁和永续利用。智慧能源就是充分开发人类的智力和能力,通过不断创新技术和变革制度,在能源开发利用、生产消费的全过程和各环节融汇人类独有的智慧,建立和完善符合生态文明和可持续发展要求的能源技术和能源制度体系,从而呈现出的一种全新能源形式。简言之,智慧能源就是指拥有自组织、自检查、自平衡、自优化等人类大脑功能,满足安全、清洁和经济要求的能源形式。

从狭义上说,智慧能源是指以现代通信、网络技术为基础的,致力于提高能源利用效率的环境友好型能源发展模式。从广义上说,智慧能源是能源产业、能源装备产业、互联网产业和现代通信产业等多元产业融合发展的概括,其不仅涵盖传统石化能源的智慧生产,也包括新能源的安全并网;不仅涵盖能源的生产、转换、传输、存储与消费等环节,也包括能源周边产业、能源电力技术体系及能源政策机制的发展与变革。

(二)智慧能源的特征

依托智能高效、广泛互联、清洁低碳的显著特征,智慧能源发展模式可推动包括能源生产、传输、消费等多环节的动态精益优化与管理,实现能源系统的"智慧化"转型升级。

1.智能高效。云计算、大数据、区块链等现代信息技术在能源领域的广泛应用,将推动智慧生产管控系统、多能协同调度系统、能源管理系统等智慧能源系统的落地与应用,进而在实现对能源电力系统多环节、多主体、多设备全面感知的基础上,依托数据驱动技术实现对能源系统、管网、设备多层级的在线监测、实时分析、智能优化调控、状态预警、智能诊断等功能,进一步提升能源系统的运行效率。

2.广泛互联。依托互联网与物联网技术,推动实现能源系统内外多元主体的开放接入、广泛互联,有效贯通与整合不同主体间的信息流、业务流、能量流,打造互惠共赢的能源生态圈,为新业态与新模式的打造、更大范围内的资源优化配置提供有利前提。

3.清洁低碳。"云大物移智链"等现代信息技术的应用可促进能源系统各个环节间的及时、准确、高效交互,充分发挥横向多能互补、纵向源—网—荷—储协调的技术特性,实现对能源系统的统筹管控与优化,进而为大规模集中式可再生能源及分布式可再生能源的安全生产、远距离传输和高效消纳提供支撑,有效提升可再生能源在生产和消费端占比、降低二氧化碳及其他污染物排放,显著提升能源利用效率,加速我国能源行业的清洁低碳转型。

(三)智慧能源体系

智慧能源体系是通过打造平台连接产业链上下游企业,汇聚与协同广泛的商业伙伴,发挥各参与主体核心优势,逐步构建以用户为核心的能源生态圈,在供给与需求、技术与行业方案整合中培育新动能,形成智慧能源生态圈闭环,推进生态圈自驱动、自成长。

智慧能源在供给侧和消费侧建立强耦合的纽带,通过共建共享,构筑能源生态圈,包括煤电、核电、新能源、石油、天然气等能源企业以及高科技信息化技术企业、设备制造企业、咨询机构、工程建设企业、运输服务企业、能源交易中心等,将分散的业态,通过能源流、信息流、价值流形成多方互利共赢的良好生态。[①]

能源流成为安全高效的物理基础。能源生产企业高效清洁利用能源,共同承担安全调节功能,参与市场化互动;能源传输企业公开、公平、公正地优化配置资源,提供安全、高效、智慧的能源服务;能源用户通过多种形式参与互动,共同促进系统安全和能效提升。信息流成为互通感知的数据纽带,通过大数据、大平台推动能源的数字化和透明化,政府携手各主体建设能源大数据中心,推进能源治理信息共享。价值流成为社会能效优化的引导罗盘,政府部门在可中断负荷、可调节负荷、抽水蓄能电站、电化学储能、新能

---

①徐勇,单周平,何军民,等."多站融合"智慧能源站商业模式研究[J].大众用电,2021,36(1):26—27.

源配额、分时电价优化等领域出台政策机制,实现价值共创共享;推进辅助服务市场建设及区块链技术应用,保障价值分配,还原电力商品属性。社会各界形成价值共同体,促进综合能效提升,实现全行业的智能化升级。智慧能源生态体系如图4-1所示。

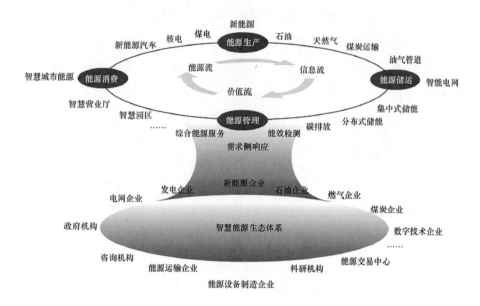

图4-1　智慧能源生态体系

(四)智慧能源架构

智慧能源总体架构是以智能化为核心,基于智能云、物联网等平台以及AI中台、知识中台、业务中台、数据中台等,借助云计算、人工智能、大数据、区块链等技术,最终推动能源企业实现智能化转型。架构主体包括数字化基础设施层、平台层、应用层,可根据不同企业特性和要求,形成定制化解决方案。同时,为有序推进智慧能源建设,架构还包括能源生态体系、运营服务体系、网络安全保障体系和标准规范体系,如图4-2所示。

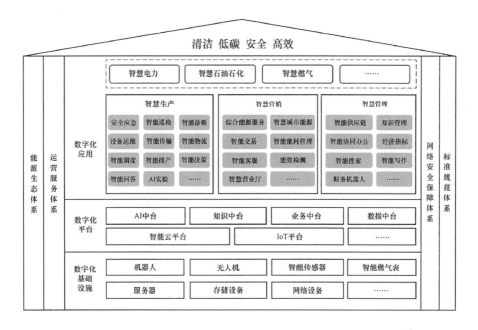

图4-2　智慧能源架构

数字化基础设施层是能源企业的信息基础设施,包括机器人、无人机、智能传感器(如烟雾、油温等)、智能燃气表、服务器、存储设备、网络设备等,支撑企业信息沟通、服务传递和业务协同。

数字化平台层是实现新兴技术对能源企业赋能的核心,以智能云平台、IoT平台为基础,AI中台为核心,配合数据中台、知识中台与业务中台,打通企业的能源流、信息流、价值流,助力企业智能化转型全过程。AI中台是企业AI能力的生产和集中管理平台,包括AI能力引擎、AI开发平台两部分核心能力以及管理平台。能力引擎包括人脸识别、语音识别(ASR)、自然语言处理(NLP)等通用服务以及领域专用AI服务。基于AI中台,企业将拥有AI开发和应用的自主能力,集约化管理企业AI资源,统筹规划企业智能化升级版图。知识中台是基于知识图谱、自然语言、搜索与推荐等核心技术,依托高效生产、灵活组织、便捷获取的智能应用知识的全链条能力,理清业务逻辑,用机器可以理解的方式将知识组织起来,从而建立符合企业需求的智能化应用,推动企业向智能化发展,重塑企业发展格局。

数字化应用层是将人工智能、云计算、大数据、区块链等技术与能源勘探、开采、生产、储运、消费场景深度融合,广泛应用于能源企业各个场景。以智能化手段解决能源企业发展中的突出问题,支撑能源企业智能生产、精益管理、业务创新,提升企业生产服务能力,帮助企业提质增效,最终实现企业智能化转型。按照能源业务价值链划分,可以将能源智慧化应用为三大应用领域,分别是智慧生产、智慧管理、智慧营销。

图中最外围的"四体系"是指智慧能源建设的四大保障体系,分别是能源生态体系、运营服务体系、网络安全保障体系、标准规范体系。能源生态体系指能源企业、高科技信息化技术企业、设备制造企业、咨询机构、工程建设企业、运输服务企业、能源交易中心等共建共享生态圈;运营服务体系包括运营模式、管理组织、创新交流等;网络安全保障体系包括信息安全监管、测评、应急处置等体系;标准规范体系包括总体标准、基础设施、支撑技术与平台、管理与服务等标准规范。

二、智慧能源的应用

(一)能源智慧生产

能源行业是资产密集型行业,具有设备价值高、产业链长、危险性高、环保要求严的行业特征,面临设备管理不透明、工艺知识传承难、产业链上下游协同水平不高、安全生产压力大等行业痛点。随着世界能源格局的变化,能源发展向低碳化、分散化、智能化转变。能源消费服务市场的需求转变,倒逼生产、储运环节要更加安全、高效、清洁,因此需要依靠数字技术,提高能源生产过程的智能化水平。

面对日趋激烈的市场竞争,企业必须减少能源生产的时间与成本,以最快的速度生产最高质量的能源。能源企业致力于运用数字技术,在生产环节实现自动化和智能化,提高生产过程的可视性,消除不确定性,提高生产效率和质量。

1.电厂锅炉智能预警。目前,国内电厂因锅炉炉管泄漏事故造成的非计划停运时间占全年总停运时间的30%以上,对锅炉运行的经济性影响较大。锅炉智能预警基于电厂机理模型和人工智能技术,通过对运行状态进行监测,判断炉管是否发生泄漏,实现锅炉炉管泄漏的早期测报,并判断泄漏区域位置及泄漏程度,给设备预测性维护提供数据支持,将设备运行异常消除在萌芽阶段,减少非计划性停炉、停机,减少启停炉、启停机的能源消耗,大大提高了设备使用效率。

2.智慧安全管理。能源企业引入人员定位系统,在三维立体空间建模基础上,对现场的位置进行划分、定位人员,并将每个位置所对应的安全注意事项与生产运行信息关联,帮助现场人员智能识别危险区域,避免出现人身伤亡事故。目前,人员定位误差可控制在20—50毫米范围内,能够有效防止人员跑错区域、避免发生误操作。例如,部分电厂将人员定位信息与三维虚拟电厂模型融合,设置虚拟电子围栏,实时监控高温、高压等危险区域及重要设备。

3.“无人值班、少人值守”新能源电站。基于互联网架构,融合人工智能、大数据、云计算、物联网、移动互联等技术,建设数据汇集、存储、服务、运营为一体的新能源大数据创新平台,实现源、网、荷、储多源异构数据的实时采集,实现风机部件级、光伏板件级最小颗粒度数据采集,采集时长5—7秒1次,高效支撑各类行业应用的构建和使用。目前,“无人值守”模式正在向新能源电站设计和建设领域延伸。实现新能源电站“无人值班、少人值守”模式,可促进电站减员增效。发电企业依托平台创新业务模式,改变原有工作模式和经营模式,促进产业升级。

4.智能勘探。由于井下情报与储层信息的可视化有限度,在油气田开发的中后期,深入挖潜较为困难。同时,随着风险勘探逐步向人力勘察难以覆盖的深海区域转移,勘探环节对新层系油气储量预测的精度要求不断提高。运用智能油气储量分析和井下情报分析等技术,可获取高精度油气储量预测数据,以数据支持决策,系统性优化勘探规模和建设时序,海陆并重,对老油区进行深度挖潜。通过无人机等智能勘探手段,获取高分辨率的储层模型,实现全方位的油气勘探数字可视化协同管理,提升整体储层预测精度,助力风险勘探开发新层系、新区域。

（二）能源智慧营销

人工智能、大数据等信息技术的应用,使得传统行业之间的壁垒和不同专业之间的"高墙"被打破,能源行业的形态发生了极大的变化。传统的能源企业正在面临负荷集成商等市场新进入者以及众多基于互联网生态成立的全新企业的挑战,能源消费者将前所未有地成为重塑市场格局的重要力量。

1.综合能源服务。新一代信息技术使得传统业务之间的壁垒逐渐被打破,电、燃气、分布式能源等以往各自为政的能源领域,也开始走向融合发展。综合能源服务是运用人工智能、云计算、物联网等信息技术,实现能源流和信息流的高度融合,即一定区域内整合煤炭、石油、天然气、电能、热能等多种能源,以满足多元化用能需求,实现多种异质能源组合供应服务。综合能源服务企业根据用户类型制定差异化的服务策略:①为客户提供多种电价方案和电气设备方案的优化组合,如向客户提供电力、燃气、燃油最佳能源组合方案;②提供全方位的节能协助服务,如节能诊断、能效提升、维护设备及运营管理等,帮助客户升级设备,实现节能目标,降低能源费用支出;③通过智能电能表等建立智能用电系统,引导用户错峰用电。综合能源服务企业通过合理的电力需求响应,有效消纳清洁能源电力,助力电力系统的供需平衡。

2.智慧电网营业厅。传统方式下,用户购电需要前往电力公司营业厅排号并到窗口人工办理。在智慧方式下,用户步入电力公司营业大厅即可快速被智能系统识别,并与系统中已登记的客户信息比对核实身份,然后自动为用户发送应缴电费等业务办理信息。若发现用户等候时间较长,系统还将自动推送消息至现场客户经理的手持设备,提示主动提供服务。此外,用户可以使用"智能业务办理一体机",无须长时间排队等待,仅通过"刷脸"即可轻松办理电费自助查缴、更名、过户等常见用电业务,用户平均花费时间节省70%。另外,智能系统可分析用户业务办理的平均时长,支持管理人员优化客服流程决策等。基于智能系统的精准营销,电力营业厅能够提升用户体验以及经济效益。

3.智能营销客服。随着能源用户数量的不断攀升以及服务渠道的多样化,用户对能源企业优质服务的要求和期望也越来越高。同时,能源企业存在客服人员流动性大、培训成本高且周期长、客服质量难以保障等问题。智能客服能够实现7×24小时全天候在线服务,不受人类情绪、身体状况等因素干扰,可提供稳定、无差别的人性化服务,提升用户体验,减轻人工坐席的工作量,实现降本增效。能源企业全面梳理和整合客服资源,建设基于人工智能技术的智能客服应用,覆盖全渠道、全业务、全数据的营销业务,可实现业务办理智能辅助、智能客服、精准营销、流程自动化,为用户提供统一的智能化服务。

(三)能源智慧管理

传统企业的管理模式,是通过严格的管理机制和方法,标准化、流程化的手段来提高企业的生产效率。数字技术的发展为企业的运营管理注入了活力,也对企业的运营管理产生了颠覆式的冲击。在数字经济时代,快速变化的市场需求以及迭代更替的技术手段,要求企业从经验驱动向数据驱动转变,敏捷响应市场变化;要从相互独立向协同发展转变,建立与数字创新相适应的运营流程;要从依赖人力和等级管理向智能化、数据化转变,实现业务管控效率和效益的提升。

1.智能供应链管理。智能供应链管理应用物联网、移动互联网、人工智能、大数据等新一代信息技术,站在全局、广域、产品全生命周期的高度,同时关注企业内部、外部的业务协同,将企业的采购—生产—销售的过程纳入统一网链结构中,采用可视化手段展示数据,使用移动化的手段访问数据。构建供应链管理云平台,推动各环节相互联通,供应端、使用端实现信息共享,高效协调物资的使用。制定科学合理的物资分类规则,结合能源企业储备原则制定储备定额方案,保证品类和库存水平合理;根据能源企业实际情况优化供应链层面上的节点布局,物资储备区域分级,提高物资保障与供应能力,有效衔接采购、物流管理、电网体系覆盖区域的物资使用和消耗,有效降低成本,提高储备物资供给效益和效率,确保安全生产。

2.企业智能搜索。国家电力投资集团内部企业级智能搜索平台,促进国家电投集团数字化、智能化转型,提升集团核心竞争力。平台借助百度的知识图谱(KG)、自然语言处理(NLP)等技术将搜索与知识提炼工具相结合,满足国家电投集团从数据中提炼知识,沉淀内部的数据资产,实现对于知识的智能检索、智能问答和智能推荐的需求,从而大幅提高业务人员的检索效率,为核心业务端赋能。

智能搜索平台基于国家电投集团数据共享平台构建企业智能搜索统一入口,为员工提供一站式、综合类管理数据查询服务,具备数据接入、知识构建、搜索应用、智能排序、智能展现、权限隔离等功能。此外,企业智能搜索能够嵌入各业务系统应用端,优化原有系统的智能化搜索管理服务。未来,智能搜索平台能够深度参与人机互动,支持以问答对话的形式获取数据可视化图表、对话式数据分析、智能数据可视化、数据实时计算等功能。

三、智慧能源的基础技术

智慧能源以现代信息技术为核心工具,借助区块链技术、大数据技术、云平台技术等新兴信息技术构建能源发展的智慧环境,形成能源发展的新模式和新范式,进而为促进新能源消纳、构建安全高效电力市场、提升电力系统能效等问题提供全新解决方案。

(一)分布式技术

1.分布式技术概述。分布式技术是基于网络的计算机处理技术,与集中式相对应。由于个人计算机的性能得到极大提高及其使用的普及,使处理能力分布到网络上的所有计算机成为可能。

分布式计算是计算机科学中的一个研究方向,它研究如何把一个需要巨大的计算能力才能解决的问题分成许多小的部分,然后把这些部分分配给多个计算机进行处理,最后把这些计算结果综合起来得到最终的结果。

2.分布式存储系统。分布式存储系统,是将数据分散存储在多台独立的设备上。传统的网络存储系统采用集中的存储服务器存放所有数据,存储服务器成为系统性能的瓶颈,也是可靠性和安全性的焦点,不能满足大规模存储应用的需要。分布式网络存储系统采用可扩展的系统结构,利用多台存储服务器分担存储负荷,利用位置服务器定位存储信息,不但解决了传统集中式存储系统中单存储服务器的瓶颈问题,还提高了系统的可靠性、可用性和扩展性。大数据时代的来临使得对分布式存储系统的研究具有重要的意义。

针对海量数据存储,分布式数据存储以其良好的可扩展性、健壮性和高效性超越了传统的集中式存储技术,但针对其本身的许多性能指标,如数据冗余度、数据存取速度、带宽占用率、存储花费和可靠性等,使得不同的系统和不同的个人、企业对存储要求的侧重点不同。数据存储多考虑存取效率、存储花费,对数据抗毁性研究甚少。

针对海量数据的管理和维护,数据一致性是分布式存储系统维护数据的一个重点方向,由于互联网环境千变万化,数据更新速度和转换频率不断加快,使得维护数据一致性面临诸多问题,如可靠性问题、数据冗余问题、网络动荡问题和恶意攻击等问题严重影响了一致性维护策略的制定和发展。

(1)P2P数据存储系统:P2P数据存储系统采用P2P网络的特点,即每个用户都是数据的获取者和提供者,没有中心节点,所以每个用户都是对等存在的。利用这种特点建立而成的P2P数据存储系统可以将数据存放于多个对等节点上,当需要数据时,可以利用固定的资源搜索算法寻找数据资源,从而获取想要的数据。

P2P数据存储系统的这种特点使得它非常适合存储大量数据。首先,由于没有中心服务器,数据被分散存储于各个对等节点上,这样就不会出现某个节点负载过重的问题,可扩展性好;其次,对于网络攻击的抗打击能力强,当存在网络攻击时,受打击的节点损失的数据仅仅是整个数据存储系统的一小部分,大部分资源仍然处于安全状态。

(2)云存储系统:云存储系统是一种网络存储系统,通过将大量的数据存储服务器集合起来,在内部表现为多个存储服务器协同工作,共同承担数据存储的任务,将数据存储任务划分为多个子任务并行存储,从而减少了数据存储的时间,并增加数据安全性。简单来说,云存储就是将数据或者文件存放到云端,数据使用者可以在任意地方通过互联网非常方便地存取数据,并且数据存储在云端有着高安全性、低花费等优点。

3.分布式技术应用。分布式有利于任务在整个计算机系统上进行分配与优化,克服了传统集中式系统会导致中心主机资源紧张与响应瓶颈的缺陷,解决了网络 GIS 中存在的数据异构、数据共享、运算复杂等问题,是地理信息系统技术的一大进步。

传统的集中式 GIS 起码对两大类地理信息系统难以适用:第一类是大范围的专业地理信息系统、专题地理信息系统或区域地理信息系统。这些信息系统的时空数据来源、类型、结构多种多样,只有靠分布式才能实现数据资源共享和数据处理的分工合作。比如,综合市政地下管网系统,自来水、燃气、污水的数据都分布在各自的管理机构,要对这些数据进行采集、编辑、入库、提取、分析等计算处理就必须采用分布式,让这些工作都在各自机构中进行,并建立各自的管理系统作为综合系统的子系统去完成管理工作。而传统的集中式提供不了这种工作上的必要性的分工;第二类是在一个范围内的综合信息管理系统。城市地理信息系统就是这种系统中一个很有代表性的例子。世界各国的管理工作中城市市政管理占很大比例,城市信息的分布特性及城市信息管理部门在地域上的分散性决定了多层次、多成分、多内容的城市信息必须采用分布式的处理模式。

很明显,传统的集中式地理信息系统不能满足分工明确的现代社会的需求,分布式地理信息系统的进一步发展具有不可阻挡的势头,而且分布式 GIS 与网络 GIS、服务器 GIS 计算模型、WWW 计算模型的关系都很密切。分布式 GIS 是实现网络 GIS 的途径,是实现 NGIS 的一种重要计算模型;GIS 模型实际上是分布式 GIS 可供采用的一种具体化计算模型;WWW 模型实际上也是分布式 GIS 模型可采用的一种具体化模型,而且也是具有相当发展前途的分布式 GIS 模型。分布式 GIS 是当今地理信息系统的主要发展趋势。

(二)区块链技术

区块链技术是分布式数据存储、点对点传输、共识机制、加密算法等计算机技术在互联网时代的创新应用,具有去中心化、信息共享、记录不可逆、参与者匿名和信息可追溯等技术特点。

区块链技术的应用可为智慧能源发展过程中的数据安全、多主体协同、信息融通等问题提供全新技术解决方案,可为我国弃风弃光现象的缓解、综合能源服务的发展及电力市场智能化交易体系的构建提供全新可能。

支撑高比例新能源消纳缓解弃风弃光。依托区块链技术去中心化、信息共享、信息可追溯等技术特点,一方面可简化新能源电力交易流程,降低分布式新能源电力交易成本,有效支撑多元主体间点对点、实时、自主微平衡交易;另一方面区块链的分布式账本技术可为能源产品、能源金融等产品交易市场提供可信保障,助力绿色能源认证、绿色证书交易等新型商业模式发展,促进能源电力领域的市场主体创新能源生产与服务模式,支撑高比例新能源高效消纳。发展综合能源服务。依托区块链技术的"多链"技术特性,可实现电力网络、石油网络、天然气网络等异质能系统中的多元主体及其设备广泛互联,在构建形成横向多能互补、纵向源—网—荷—储协调、能源信息高度融合的综合能源系统的基础上,推动实现综合能源系统多元主体间可信互联、信息公开与协同自治,进而显著提升综合能源服务的可追溯性和安全性。

助力电力市场智能化交易体系构建。利用区块链技术的信息共享、记录不可逆和不可篡改等特性,可为电力市场中相关主体间各类信息的自主交互和充分共享提供支撑,在保障电力市场信息透明、即时的同时,可辅助各交易主体实现分散化决策,提升用户参与电力市场的便捷性和可操作性,加速推动电力市场中合同形成、合同执行、核算结算等环节的智能化转型。此外,依托区块链技术参与者匿名、信息可追溯的技术特性可有效规范电力市场监管过程,促进电力市场的监管水平提升,保障市场交易的公平性与安全性。

第二节 智慧商业

智慧商业这个概念,1951年便在美国出现。后来经济学家把智慧商业概括为是利用现代资讯技术收集、管理和分析结构化和非结构化的商务资料和资讯,创造、积累商务知识和见解,提升商务决策质量,采取有效的商务行动,完善各种商务流程,提升商务业绩,增强综合竞争力的智慧和能力。说白了,智慧商业=应用知识,知识=资讯+经验。

碎片化的时代已经悄然到来,各行各业的品牌营销不再需要拼命地投放广告,"烧钱式的广告形式"已经不能满足企业的巨大需求,实现智慧商业是一种必然的趋势,也是目前来看唯一的趋势。

未来的商业一定是智慧商业,未来商业的发展离不开科技。类似电商、二维码、智慧商圈、智慧支付、末端商业网点和城市共同配送平台信息链、线下体验和线上下单等技术手段日新月异,甚至有专家学者认为:线上线下的边界在逐渐消失,实体店场内场外的消费者活动正在融为一体。

新型的智慧商业模式,不断推动着电子商务基础设施升级并支撑服务环境改善,对整合社会成本,集约生产规模起到了重要的作用。

随着互联网、物联网、云计算、大数据、移动终端技术的快速深度融合发展,商业日益变得智慧、高效和便捷。智慧商业的实质是以信息技术为支撑,创新人类商业模式及管理手段,提高社会整体效能。

一、智慧商业的核心内涵

(一)智慧商业的概念

所谓智慧,顾名思义就是迅速、灵活、正确地认识、分析、判断事物并在实践中遵循事物规律、实现行为目标的能力。智慧包括了侧重认知的思维智慧和侧重改造的行动智慧。相对于行动智慧,思维智慧具有先导性和基础性的作用。

智慧流通是指将流通主体、客体、工具、对象、空间等,按照标示层、识别层、传输层、应用层联结起来的,物与物、人与物(含动物)、人与机、机与机等相互连接、形成协同运营的系统,包括智能交易、智能支付、智能物配、智能交易环境、智能消费、智能再生资源回收等流通全过程的智能活动。实体业的智慧流通虽然表象只是技术层面的变革,但具有一定的超前性、创新性,已经引起业界和社会的普遍关注。

如何摆脱传统的发展模式所带来的束缚?综合各地经验,必须建立以科技为主导,以商业为主体的经济发展模式,更需要有新的发展战略,着力优化服务模式、管理模式、营销模式和商业模式。创立O2OAS导客模式，即Offline（线下留客）、to Online（线上聚客）、andSociality（商务社交）。通过手机App、手机网站、楼层互动导购机及智能POS机等营销工具，运用"粉丝"分享、互助分销等营销模式快速实现"粉丝"裂变，将被动营销转为主动、自动精准营销。实体商业充分运用智能手机、互动导购机等互联网工具进行大数据挖掘，以客户为中心，优化商场的服务模式、管理模式、营销模式、商业模式，给客户（消费者）带来新的体验，让"客户既拥有上帝般的尊贵，又有主人般的参与"，从而使商场黏住客户，获得大量的"粉丝"。

（二）智慧商业的特征

1.技术进步催生新的商业形态。技术进步使得智慧商业发展空间无限。互联网与无线射频识别、电子数据交换、全球定位系统、地球信息系统、定位服务、移动定位服务、大数据、云计算等技术的结合，既推动传统企业的创新发展，也不断催生新的商业形态，商业行为日益变得信息化、智能化、透明化、可视化、高效化。手机支付、购物应用（App）、近距离通信技术（NFC）等已为人们所熟知并广泛应用。

2.以大数据为"神经"。大数据是智慧商业的"神经"。全球知名咨询公司麦肯锡认为，数据已经渗透到当今每一个行业和业务职能领域，成为重要的生产要素，大数据是下一轮创新、竞争和生产力的前沿，海量电子数据的挖掘与运用将成为未来竞争和增长的基础；大数据帮助美国零售业净利润增长60%。移动互联时代，大数据与移动终端、云计算充分结合，商家可以随时随地了解消费需求与习惯，孕育更多的商机和事业。

3.以智慧物流为"血脉"。智慧物流是智慧商业的"血脉"。很多物流系统采用最新的互联网、物联网技术和设施，实现光、机、电、信息等技术的集成应用，形成了智慧物流。如亚马逊公司测试用无人机送货、用机器人管理仓储，未来可能通过对用户数据的分析来预测购买行为，在顾客尚未下单之前提前发出包裹，最大限度地缩短物流时间。比如，借助物流智能骨干网，通过分析消费习惯与货物流向情况，改变传统物流的运行模式和管理方式。

4.以移动支付为手段。移动支付是智慧商业的主要支付方式。移动支付是指允许用户使用其移动终端(通常是手机),对所消费的商品或服务进行账务支付的一种服务方式。移动支付将终端设备、互联网、应用提供商以及金融机构相融合,为用户提供金融服务。中国银行业协会发布的《2013年度中国银行业服务改进情况报告》显示,2013年中国移动支付业务共计16.74亿笔,同比增长212.86%。国际数据公司(IDC)的报告显示,2017年全球移动支付的金额突破1万亿美元,2022年全球移动支付的金额为1.3万亿美元,今后几年全球移动支付业务将持续增长。

5.线上线下全面融合。O2O将成为智慧商业的主要形态。O2O成为信息化条件下商业发展繁荣的新模式和大趋势。O2O诞生之初即成为各行业关注的焦点,具体包括百货O2O、家电O2O、汽车O2O、酒类O2O、房地产O2O、社区商业O2O、家装O2O、餐饮O2O、家政O2O、媒体O2O等。定制化商业模式(C2B),也是O2O的一种形式。美国梅西百货、英国电商企业Argos及连锁超市TESCO、海尔集团等是线上线下渠道融合发展的典范。

(三)智慧商业的核心

从数据驱动商业的角度看,智慧商业有三个核心关键点需要把握,分别是数据、算法和产品。

1.数据。数据有很多,但是得到数据之后如何形成有价值的、高质量的数据集,这是关键点。数据的收集、处理、加工,在今天是高成本的,但同时又是高价值的。

2.产品。如果数据产品不能形成数据链路,有效地把商业链条打穿的话,那么数据产品就是孤立的分析或统计工具,没有意义。数据产品不是一个死的东西,而是随着商业模式的变化和变迁,不断用数据触达两端。

3.算法。算法体现的是什么?体现的是你用数据进行商业创新,如果你对基于商业数据的创新有很深的理解,就可以把算法充分应用到商业中去。所以从这个意义来讲,不断去迭代算法,不断用算法来优化你的商业模式,构成了今天无数据不智慧、无数据不商业的境界。

二、智慧商业的应用

(一)智慧可视化

在过去,商业综合体对于消费者本身及其车辆缺乏有效的认知识别手段,无法快速直观地对消费者身份进行判断,也无法将大量的消费者信息转化为可供挖掘的数据样本。现在,通过人脸识别、车牌识别等智能分析技术,可一步步建立起庞大的消费者属性数据库,轻松实现顾客属性分析及追溯,为深度挖掘潜在顾客提供重要数据。

1.人脸识别。通过内嵌人脸识别算法的视频监控设备,对进出的消费者进行面部识别,与已经录入的VIP客户进行比对,一旦比对通过即向导购人员提醒对方为VIP客户身份,便于导购人员及时接待;当然,一旦系统比对发现惯偷等黑名单人员,也可及时报警,采取应对措施。另外,人脸识别摄像机可以得到消费者的性别、年龄段、是否佩戴眼镜等信息,自动采集大量的统计样本数据用于商业综合体消费人群的分析以及对客户的消费习惯进行统计与分析。

2.智能停车场。不少商业综合体既有业主固定车位,又有对公众开放的临时车位,商家也会推出停车优惠活动,这导致了收费策略的复杂性和管理方式的多样性,传统的人工处理方式产生许多困难。再者,大型商业综合体停车场布局复杂,消费者停车取车难的问题十分突出。针对以上情况,部分安防企业推出了智能停车场系统,在出入口采用车牌识别系统自动记录进出时间,在停车场采用车位相机和诱导指示屏进行自动的停车取车导航,并采用支付宝、微信支付进行自助缴费。智能停车场的出现不仅减少了人工服务成本,也极大地改善了顾客的消费体验。

(二)智慧感知

智慧感知技术将传统的物联网终端打造成智慧感知单元,利用无所不在的视频监控系统对消费者的属性和行为进行统计分析,把传统的商业从凭经验做生意导向一条可以利用数据分析、信息化支持的高速道路。

1.客流统计。通过客流统计相机对场景中进出的人员数量进行统计，并根据统计的客流数据实现各类商业分析，如营销策略评估、价值分析、员工考核和配置等。

客流统计包括客流热度分析、整体客流分析、行为轨迹分析、主力店铺分析、楼层客流分析。

（1）客流热度分析：精确统计和展示商场内部各区域的顾客到访率及驻留时间（平均驻留时长、驻留总时长），便于商场运营管理者调整商场布局和客流引导，进一步增加各区域人数、空间活跃度等。

（2）整体客流分析：对商场的各个主要通道入口进行准确的客流统计，详细直观地了解商场的客流情况及变化，提供分钟、小时、日、周、月、年的客流量对比和分析。了解新、老顾客占比、性别占比、年龄分布、交通方式占比、近期进场天数、顾客忠诚度、实时进场人数等。

（3）行为轨迹分析：统计和分析顾客进入商场的行为轨迹，让管理者分析和掌握顾客动态和消费习惯，结合商场广告信息精准推送。了解进店人数、进区域人数、实时在店人数、平均进店次数等。

（4）主力店铺分析：主力店铺客流量统计，实时统计商场各主力店铺的客流情况，结合销售额让运营管理者更清楚直观地了解各店铺的运营情况，及时调整运营策略；了解热门店铺、热门品类、驻店时长、逛店深度等。

（5）楼层客流分析：商场各楼层的分层客流量统计，让商场运营管理者更了解各分层客流量情况，给予客流引导，为各分层业态的设计提供数据支撑；了解热门楼层、热门区域等。

2.热度图技术。热度图技术（Heat Mapping）可以记录视频中一段时间内消费人群的运动情况，实现消费人群在时间维度上的密度检测，并利用不同的颜色在空间维度上进行展示。这样，通过热度图分析技术可以帮助商家了解最受欢迎的商品类型以及将商品摆放在哪些位置可以增加选购的概率，从而提升销售额。

（三）智慧联动

过去，商业综合体各个IT系统都是独立建设、运作，彼此之间数据信息难以甚至无法互通,容易形成信息孤岛。最近几年,安防企业开始致力于打造系统级的智慧联动应用,打破安防系统与其他IT系统的壁垒,带来全新的用户体验。

1.电梯智能调度。在候梯厅及轿厢内部署智能摄像机,对区域内的人数进行计算,实时感知交通需求,合理计算和预测电梯的最佳服务路径,精确规划和优化任务分配。通过减少电梯停站次数,在不牺牲效率的情况下,控制电梯运行距离,同时使轿厢载重尽可能平衡,能够带来更低的能源消耗,据专家测算其节能率在20%以上,载客能力提升30%左右。由于这种系统对乘客进行最合理的分流,可以有效缩短乘客等候与乘坐时间,减轻轿厢和候梯厅拥挤状况,显著地改善乘梯环境,为乘客带来全新、更愉悦的乘梯体验。

2.安防、消防联动。安防系统与消防系统都是商业综合体不可或缺的组成部分,在过去是相对独立的两个系统。现在,通过智慧联动对接可实现二者的有效集成,在发生火警时联动安防系统一起行动,如联动消防通道门打开、火警区域摄像机画面弹窗显示等,最大限度地降低危害和损失,保障顾客人身安全。

三、智慧商业的基础技术

(一)大数据

数据在人工智能行业发展中占据着非常重要的位置,数据集的丰富性和大规模性对算法训练尤为重要。可以说,实现精准视觉识别的第一步,就是获取海量优质的应用场景数据。以人脸识别为例,训练该算法模型的图片数据量至少应为百万级别。

1.大数据的产生。大数据来源包括社交网络用户数据,科学仪器获取数据,移动通信记录数据,传感器检测环境信息数据,飞机飞行记录、发动机数据,医疗数据(如放射影像数据、疾病数据、医疗仪器数据),商务数据(如刷卡消费数据、网购交易数据)等。可以说,现阶段的"数据"包含的信息量越来越大、维度越来越广。

大数据本身是一个抽象的概念,依托于互联网和云计算的发展,大数据在各行各业产生的价值越来越大,如大数据+政府、大数据+金融、大数据+智慧城市、大数据+传统企业数字化转型、大数据+教育、大数据+交通等。大数据可以理解为一种资源或资产。大数据有着广泛的应用,以应对新冠肺炎疫情为例,百度地图慧眼迁徙大数据通过数据定向、分析等途径确定了人员流出的方向。通过百度迁徙,用户可以对省市乃至全国每天人员流动情况进行分析。同时,大数据还能够应用于记录微观用户的运动轨迹。对于已确定感染人群来说,通过汇集移动终端的轨迹大数据来勾画关系图谱,进一步追踪接触者以进行隔离管理。除了感知用户地理位置,大数据也会对用户的支付、车票行程、住宿等信息进行整合分析。通过人工智能对密集的用户信息进行分析,可以从多个维度筛查出潜在传染用户。

现实生活中的数据有多大呢?据IDC发布的报告《数据时代2025》显示,全球每年产生的数据将从2018年的33ZB增长到2025年的175ZB,相当于每天产生491EB的数据。那么175ZB的数据到底有多大呢?1ZB相当于1.1万亿GB。若以网速为25Mbit/s计算,一个人要下载完这175ZB的数据,需要18亿年时间。

而人们所谈论的大数据实际上更多是从应用的层面,如某公司搜集整理了大量的用户行为信息,然后通过数据分析手段对这些信息进行分析,从而得出对公司有利用价值的结果。

一般而言,大数据是指数量庞大而复杂,传统的数据处理产品无法在合理的时间内捕获、管理和处理的数据集合。

2. 大数据思维。

(1)整体思维:整体思维是根据全部样本得到结论,即"样本=总体"。因为大数据是建立在掌握所有数据,至少是尽可能多的数据的基础上,所以整体思维可以正确地考察细节并进行新的分析。如果数据足够多,它会让人们觉得有足够的能力把握未来,从而做出自己的决策。

结论:从采样中得到的结论总是有水分的,而根据全部样本得到的结论水分就很少,数据越大,真实性也就越高。

(2)相关思维:相关思维要求人们只需要知道是什么,而不需要知道为什么。在这个不确定的时代,等找到准确的因果关系再去办事的时候,这个事情早已经不值得办了。所以,社会需要放弃它对因果关系的渴求,而仅需关注相关关系。

结论:为了得到即时信息、实时预测,寻找到相关信息比寻找因果关系信息更重要。

(3)容错思维:实践表明,只有5%的数据是结构化且能适用于传统数据库的。如果不接受容错思维,剩下95%的非结构化数据都无法被利用。

对小数据而言,因为收集的信息量比较少,必须确保记下来的数据尽量精确。然而,在大数据时代,放松了容错的标准,人们可以利用这95%的非结构化数据做更多更新的事情,当然,数据不可能完全错误。

结论:运用容错思维可以利用这95%的非结构化数据,帮助人们进一步接近事实的真相。

(二)智慧物流

1.智慧物流的概念。物流行业是一个既传统又新兴的行业,与人们生活最近,也是让每个人感受到巨大变化的行业。在新技术飞速发展的今天,什么是"智慧物流"? 究竟"智慧"在哪? 未来还能更"智慧"吗?

智慧物流是指通过智能硬件、人工智能、物联网和大数据等多种技术与手段,提高物流系统分析决策和智能执行的能力,提升整个物流系统的智能化、自动化水平。智慧物流强调信息流与物质流快速、高效、通畅地运转,从而实现降低社会成本、提高生产效率、整合社会资源的目的。

物流是一个关乎效率和规模的行业,包括最基本的三大生产要素,即基础设施、生产工具和劳动力。效率的提升来自技术的应用,由于物联网和人工智能的发展,如智能机器人、自动驾驶汽车等,将对物流产生很大影响,因为智能工具可以代替现有劳动力,形成非常强大的虚拟劳动力,劳动生产率远远高于人类。因此,"智慧物流"就是对支撑物流的三大基本要素进行优化、改善,甚至替代。所以支撑"智慧物流"的技术可分为智慧物流作业技术和智慧数据底盘技术。

2.智慧物流作业技术。

（1）仓内技术：仓内技术主要有机器人与自动化分拣、可穿戴设备、无人驾驶叉车和货物识别4类技术。仓内机器人包括AGV小车、货架穿梭车和分拣机器人等，用于搬运、上架、分拣等环节。可穿戴设备包括免持扫描设备、智能眼镜等。

（2）干线技术：干线技术主要是无人驾驶货车技术，无人驾驶货车将改变干线物流现有格局。目前，多家企业已开始对无人驾驶货车进行探索并取得阶段性成果，发展潜力非常大。

（3）最后一公里技术：最后一公里技术主要包括无人机技术与3D打印技术两大类。无人机技术相对成熟，凭借灵活快捷等特性，主要应用在人口密度相对较小的区域，如农村配送，预计将成为特定区域未来末端配送的重要方式。3D打印技术在物流行业的应用将带来颠覆性的变革，目前尚处于研发阶段。未来的产品生产至消费的模式可能是"城市内3D打印+同城配送"，甚至是"社区3D打印+社区配送"的模式，物流企业需要通过3D打印网络的铺设实现定制化产品在离消费者最近的服务站点生产、组装与末端配送的职能。

（4）末端技术：末端技术主要是智能快递柜。目前已实现商用（主要覆盖一、二线城市），是各方布局重点，包括深圳市丰巢科技有限公司、速递易等一批快递柜企业已经出现。

3.智慧数据底盘技术。智慧物流的作业技术在实际场景中得以广泛应用，离不开支撑其应用的数据底盘技术：物联网、大数据及人工智能。物联网与大数据互为依托，前者为后者提供部分分析数据来源，后者将前者数据进行业务化，而人工智能则是基于两者进行智能化的升级。物联网的应用场景主要包括产品溯源、冷链控制、安全运输和路由优化等；大数据的应用场景主要有需求预测、设备维护预测、供应链风险预测、网络及路由规划等；人工智能的应用场景主要包括智能运营规则管理、仓库选址、决策辅助、图像识别和智能调度等。

第三节 智慧制造

智慧制造技术是未来先进制造技术发展的必然趋势和制造业发展的必然需求,是抢占产业发展的制高点、实现我国从制造大国向制造强国转变的重要保障。我国制造业的规模大,但是总体水平还比较低,培育发展战略性新兴产业和传统制造业转型升级已经成为制造业发展的两个重要任务;迫切需要推进信息化与工业化融合,通过智慧制造技术的发展提高我国制造业创新能力和附加值,实现节能减排目标,提升传统制造水平;通过智慧制造技术的发展,发展高端装备制造业,创造新的经济增长点,开辟新的就业形态。

一、智慧制造的核心内涵

(一)智慧制造的概念

智慧制造(Intelligent Manufacturing,IM)是一种由智能机器和人类专家共同组成的人机一体化系统,它在制造过程中能进行智能活动,诸如分析、推理、判断、构思和决策等。通过人与智能机器的合作共事,去扩大、延伸和部分取代人类专家在制造过程中的脑力劳动。

智慧制造面向产品全生命周期,实现感知条件下的信息化制造,是在现代传感技术、网络技术、自动化技术、拟人化智能技术等先进技术的基础上,通过智能化感知、人机交互、决策和执行技术,实现设计过程智能化、制造过程智能化和制造装备智能化。

智慧制造具有鲜明的时代特征,内涵也不断完善和丰富。一方面,智慧制造是制造业自动化、信息化的高级阶段和必然结果,体现在制造过程可视化、智能人机交互、柔性自动化、自组织与自适应等方面;另一方面,智慧制造体现在可持续制造、高效能制造,并可实现绿色制造。①

---

①张应刚,夏威屹,尹伊,等.对新一代智能制造的几点思索[J].制造业自动化,2022,44(10):124—126+220.

(二)智慧制造的特征

1. 自律能力。自律能力指具有搜集与理解环境信息和自身信息,并进行分析、判断和规划自身行为的能力。人们称具有自律能力的设备为"智能机器",在一定程度上表现出独立性、自主性和个性,甚至相互间还能协调运作与竞争。强有力的知识库和基于知识的模型是自律能力的基础。

2. 人机一体化。智慧制造系统不单纯是人工智能系统,而且是人机一体化智能系统,是一种混合智能。那种试图以人工智能全面取代制造过程中人类专家的智能,独立承担分析、判断、决策等任务是不现实的,也是行不通的。因为,具有人工智能的智能机器只能进行机械式的推理、预测、判断,只有逻辑思维(专家系统),最多做到形象思维(神经网络),完全做不到灵感(顿悟)思维,只有人类专家才真正同时具备以上3种思维能力。人机一体化一方面突出人在制造系统中的核心地位,另一方面,在智能机器的配合下,人机之间表现出一种平等共事、相互"理解"、相互协作的关系,使二者在不同的层次上各显其能、相辅相成。

3. 自组织与超柔性。自组织与超柔性指智慧制造系统中的各组成单元可自行组成一种最佳结构,以满足工作任务的需要,并能在运行方式上也表现出柔性,如同一群人类专家组成的群体,具有超柔性。

4. 学习能力与自我维护能力。智慧制造系统能够在实践中不断地充实知识库,具有自学习功能,并在运行过程中具有故障自行诊断、排除,自行维护的能力,使智慧制造系统能够自我优化并适应各种复杂的环境。

(三)智慧制造的体系

智慧制造包括智慧制造系统与智慧制造技术,而智慧制造的实现还要依靠基础硬件,即智慧制造装备的支撑。随着以智慧制造系统、智慧制造技术和智慧制造装备为代表的智慧制造时代的到来,越来越多的制造型企业开始由生产型制造向生产服务型制造转变,智慧制造服务应运而生。如今的智慧制造服务已成为智慧制造的核心内容之一。

1. 智慧制造系统。智慧制造系统是一种由智能机器和人类专家共同组成的人机一体化智能系统,部分或全部由具有一定自主性和合作性的智慧制造单元组成。根据智慧制造系统的知识来源,可将其分为以专家系统为代表的非自主型制造系统和建立在系统自学习、自进化与自组织基础上的自主型制造系统两类。

2.智慧制造技术。智慧制造技术是指利用计算机模拟制造业领域专家的分析、判断、推理、构思和决策等智能活动,并将这些智能活动和智能机器融合起来,始终应用于整个制造企业子系统(经营决策、采购、产品设计、生产计划、制造装配、质量保证和市场销售等)的先进制造技术。利用智慧制造技术,可实现整个制造企业经营运作的高度柔性化和高度集成化,取代或延伸制造业领域专家的部分脑力劳动,并对制造业领域专家的智能信息进行收集、存储、完善、共享、继承和发展,从而实现生产效率的大幅提高。

3.智慧制造装备。智慧制造装备是指具有感知、分析、推理、决策、控制功能的制造装备。智慧制造装备产业的发展,能够加快制造业转型升级,提高生产效率、技术水平和产品质量,降低能源消耗,最终实现制造过程的智能化和绿色化。

4.智慧制造服务。智慧制造服务由制造业与服务业相互融合而成,是智慧制造的延伸。智慧制造服务是指面向产品的全生命周期,依托产品来创造高附加值的服务。近年来,随着生活水平的提高,人们对产品服务的需求越来越大,使得智慧制造服务越发受到重视。

二、智慧制造的应用

三一集团有限公司(简称三一集团)作为工程机械制造领域的佼佼者,秉承"品质改变世界"的使命,致力于将产品升级换代至世界一流水平。三一集团以数据为驱动,创新业务模式、优化业务流程,投身于工程机械智慧制造的产业创新和服务转型,为行业和国家推动智慧制造做出了尝试。

三一集团于2009年引进了数字化车间的理念,建设了国内领先的智能工厂数字化车间。此车间内的物流、装配、质检等各环节均实现了自动化,且可将订单逐级、快速、精准地分解至每个工位,创造了快速制成一台制造装备的"三一速度"。这样的智能工厂数字化车间目前已在三一集团多个智能制造数字化子公司得到了应用,助推了生产模式的变革。

（一）智能化生产控制中心

智能化生产控制中心包括中央控制室、现场生产控制系统、现场监控装置等，可以对生产过程和产品质量两部分进行管控，具体表现在两个方面：一方面，借助中央控制室中的大屏、监控等硬件平台及现场生产控制系统，对生产过程进行集中管理与调度；另一方面，利用现场监控装置，提升对产品质量的管控。

（二）智能化生产执行过程管控

智能化生产执行过程管控采用了制造执行系统（Manufacturing Excecution System，MES）。它能记录产品制造过程中的全部信息，具有生产管控、质量管控、物流管控等功能，实现了人员和资源的实时调度，以及生产制造现场与生产管控中心的实时交互。

（三）智能化仓储、运输与物流

智能化仓储、运输与物流包括智能立体仓库、AGV小车（自动导引运输车）和公共资源定位系统3部分。智能立体仓库能够根据生产过程监控及排产计划自动提前下库和依次下架物料，并能够根据先进先出原则防止产生滞留物料等；AGV小车能进行智能化的分拣、智能引导产品准时配送等；公共资源定位系统能实现产品资源跟踪定位、叉车定位、人员定位、设备资源定位、数据采集等。

（四）智能化加工中心与生产线

智能化加工中心与生产线包括智能化加工设备、智能化生产线、分布式数控系统和智能刀具管理系统。智能化加工设备和智能化生产线实现了生产过程的自动化，提升了生产效率；分布式数控系统应用物联网技术进行数据采集，建成了支持数字化车间全面集成的工业互联网络，推动了部门业务协同和各应用的深度集成；智能刀具管理系统能对生产过程中的刀具、夹具和量具进行整体的流程化管理，并通过实时跟踪刀具的采购、出入库、修磨、校准、报废等过程，帮助工作人员更有效地改善刀具管理过程，降低管理成本。

三、智慧制造的基础技术

(一)工业互联网

1.工业互联网的内涵与本质。工业互联网的概念不难理解,但其内涵十分丰富,它不仅仅是一个网络工具。工业互联网的本质特性是以开放的互联网络为基础实现互联互通,以工业互联网标识解析为关键联结万物,以数据为核心创造商业价值,以云平台为载体实现要素资源整合,以资本为纽带实现快速扩展,以智能化跃迁为发展趋势。具体来说,工业互联网是具有低时延、高可靠、广覆盖特点的满足工业智能化发展需求的关键网络基础设施,是新一代信息通信技术与先进制造业深度融合所形成的新兴业态与应用模式。

(1)以开放的互联网络为基础实现互联互通:工业互联网是在各类应用、平台、生态网络的基础上构建的,依托传统互联网、移动互联网、物联网以及通信网络等各类泛在网络,从而实现平台互联、生态构建、数据互通。工业互联网是企业互联的一种形式,可以整合全产业链各企业间的信息,从而形成信息对称和规模红利,具有互联网经济的利他性,有利于降低产业链的整体运营成本。

(2)以工业互联网标识解析为关键联结万物:工业互联网标识解析体系是工业互联网网络架构的重要组成部分,既是支撑工业互联网网络互联互通的基础设施,也是实现工业互联网数据共享共用的核心关键。其中,工业互联网标识编码是指能够唯一识别机器、产品等物理资源以及算法、工序等虚拟资源的身份符号;工业互联网标识解析是指能够根据标识编码查询目标对象网络位置或者相关信息的系统装置,对机器和物品进行唯一性的定位和信息查询,是实现全球供应链系统和企业生产系统的精准对接、产品全生命周期管理和智能化服务的前提和基础。

(3)以数据为核心创造商业价值:在信息经济、数字经济时代,数据就是核心的生产资料,企业通过数据挖掘、应用,能够创造核心商业价值。数字化是网络化、智能化、虚拟化、个性化、去中心化和柔性化的基础,在产品整个生命周期和企业生产全流程中,现代设计、研发、仿真、制造、流程管理、营销服务、支付等都是基于数字技术完成的,在这个过程中将积累海量的数据资产。数据是生产、分配、交换、消费各个环节中不可或缺的资源,技术流、物质流、资金流、人才流、服务流、信息流通过大数据整合、催生、赋能。工业互联网本质上也是数字化的生产力,它储备了以产业为版图的全息大数据池,是大数据基础上的生产力创新与升级。

(4)以云平台为载体实现要素资源整合:工业互联网通过云平台对生产要素进行整合汇聚、协同共享、优化配置,以实现商业模式创新,并提供各类协同创新服务。无论是工业领域的工业互联网,还是生产性服务业领域的服务业互联网,都是通过云平台汇聚资源和企业,实现研发模式、商业模式、服务模式、应用模式的创新,进而发挥工业互联网的赋能作用。工业互联网的线上平台形式多样,既可以是生态类的平台,也可以是基于专业分工的技术类、专业类平台;既可以是提供综合服务的综合平台,也可以是垂直细分服务业的专业平台。

2.工业互联网特征。工业互联网以新技术为驱动实现融合创新,以模式创新为核心实现产业赋能,在经济管理领域的特征主要表现在以下几个方面。

(1)打通了产业链的各个环节:工业互联网侧重于经济、产业、商业属性,涉及社会生产、分配、交换、消费等经济活动各个环节、各类要素,涵盖了人类各种生产活动和服务活动,贯穿于企业的研发、设计、采购、生产、销售、供应链、金融、物流等各个生产经营环节,从需求分析、生产、经销、使用,直到回收再用的整个产品生命周期都可以通过工业互联网来实现。工业互联网理念、技术、平台的应用,重构了全社会生产经营生态,变革了企业内部的组织经营架构、运营管理模式与商业服务模式,达到了降低成本、节约资源、提升效率、提高质量和协同创新的目的。

(2)以技术创新驱动各类工业模式创新:工业互联网深刻地改变了人类的生产生活方式和思维模式,以技术创新驱动了技术模式、商业模式、融资模式、应用模式、服务模式、管理模式、经营模式等各类工业模式的融合创新。而在技术层面,正是因为工业互联网集成应用了云计算、大数据、移动互联、物联网、人工智能、区块链等新一代信息技术,使其能够持续革新并焕发新的生命力。

(3)使传统的产品和企业竞争上升为生态体系的竞争:在制造业领域,以软件创新为标志、以平台为核心的产业链垂直整合日益加速,制造业竞争的关键点已从单纯的产品和技术体系架构的竞争演变成生态体系的竞争。西门子、IBM、GE、SAP、海尔、研华、阿里巴巴、中国电信、中国移动等龙头企业,都在制造领域打造自己的生态体系,创造新的生态商业价值。伴随信息通信技术与工业、制造与服务、软件与硬件的快速跨界融合,面向制造业的工业软件企业也在加速转型,用友网络、安世亚太、数码大方、索为高科等企业同样在致力于打造生态体系。传统的以产品或企业为主体的竞争模式已然被打破,生态体系竞争成为工业领域竞争的制高点。

(二)工业机器人

工业机器人是智慧制造领域不可或缺的现代化装备。它依靠自身动力和控制能力来自动执行工作任务,即可以在接受人的指令后,按照设定的程序执行运动路径和作业。

1.工业机器人的组成。一台完整的工业机器人由执行机构、驱动系统、控制系统和可更换的末端执行器4个部分组成。

(1)执行机构:执行机构即工业机器人的机械本体,用来完成各种作业。它普遍采用类似人体关节的仿生结构,且因作业任务的不同而有各种结构形式和尺寸,来实现各种不同的柔性功能。

(2)驱动系统:工业机器人的驱动系统用来驱动操作机运动。驱动系统使用的动力源有压缩空气、压力油和电能,与之对应的驱动设备则为气缸、液压缸和电动机。这些驱动设备大多安装在操作机的运动部件上,所以应结构小巧紧凑、质量小、工作平稳。

(3)控制系统:控制系统是工业机器人的核心,决定了工业机器人的功能和技术水平。它通过各种硬件和软件的结合来操纵工业机器人,并协调工业机器人与生产系统中其他设备的关系。一个完整的控制系统应包括作业控制器、运动控制器、传感器等。

(4)末端执行器：工业机器人的末端执行器是直接用于作业的机构，连接在执行机构腕部的机械接口上。作业时可按作业内容来选择相应的末端执行器，如用于抓取和搬运的手爪、用于喷漆的喷枪、用于焊接的焊枪、用于检测的测量工具等。

2.工业机器人的特点。工业机器人具有可重复编程、拟人化、通用性好等特点。

(1)可重复编程：工业机器人可随其工作环境变化的需要而再编程，在小批量、多品种且具有高效率的柔性智慧制造过程中能发挥很好的作用，是柔性智慧制造系统的一个重要组成部分。

(2)拟人化：工业机器人在机械结构上有类似人的腰部、大臂、小臂、手腕等部分，而智能化工业机器人还有许多类似人的"生物传感器"，如接触传感器、力传感器、负载传感器、视觉传感器、声觉传感器等，这提高了工业机器人对周围环境的自适应能力。

(3)通用性好：除了专门设计的专用工业机器人外，一般工业机器人都具有较好的通用性，有时只需更换工业机器人的末端执行器（手爪、工具等）便可执行不同的作业任务。

3.工业机器人的分类。工业机器人的分类多种多样，比较常见的有按坐标形式分类、按作业用途分类、按控制方式分类等。

(1)按坐标形式分类：工业机器人的机械配置形式多种多样，典型机器人的机构运动特征是用其坐标特性来描述的。按基本动作机构，工业机器人通常可分为以下类型：①直角坐标机器人。直角坐标机器人的手部在空间3个相互垂直的X、Y、Z方向做移动运动，构成一个直角坐标系，运动是独立的(有3个独立自由度)，其动作空间为一长方体。其特点是控制简单、运动直观性强、易达到高精度，但操作灵活性差、运动的速度较低、操作范围较小且占据的空间相对较大；②圆柱坐标机器人。圆柱坐标机器人机座上具有一个水平转台，在转台上装有立柱和水平臂，水平臂能上下移动和前后伸缩，并能绕立柱旋转，在空间上构成部分圆柱面(具有一个回转和两个平移自由度)。其特点是工作范围较大、运动速度较高，但随着水平臂沿水平方向伸长，其线位移分辨精度越来越低；③球坐标机器人。球坐标机器人工作臂不仅可绕垂直轴旋转,还可绕水平轴做俯仰运动,且能沿手臂轴线做伸缩运动(其空间位置分别有旋转、摆动和平移3个自由度)。著名的Unimate机器人就是这种类型的机器人。其特点是结构紧凑,所占空间体积小于直角坐标和圆柱坐标机器人,但仍大于关节坐标机器人,操作比圆柱坐标型更为灵活;④关节坐标机器人。关节坐标机器人由多个旋转和摆动机构组合而成。其特点是操作灵活性好、运动速度高、操作范围大,但精度受手臂位置的影响,实现高精度运动较困难。对喷涂、装配、焊接等多种作业都有良好的适应性,应用范围广。不少著名的机器人都采用了这种形式,其摆动方向主要有垂方向和水平方向两种,因此这类机器人又可分为垂直多关节型机器人和水平多关节型机器人。

(2)按作业用途分类:工业机器人的不同用途主要是依靠不同的末端执行器实现的。比较常用的包括:①焊接机器人。焊接机器人是目前最大的工业机器人应用领域(如工程机械、汽车制造、电力建设、钢结构等),它能在恶劣的环境下连续工作并能提供稳定的焊接质量,提高了工作效率,减轻了工人的劳动强度。焊接机器人是焊接自动化的革命性进步,它突破了焊接刚性自动化(焊接专机)的传统方式,开拓了一种柔性自动化生产方式,实现了在一条焊接机器人生产线上同时自动生产若干种焊件。通常使用的焊接机器人有点焊机器人和弧焊机器人两种;[1]②喷涂机器人。喷涂机器人是可进行自动喷漆或喷涂其他涂料的工业机器人。喷涂机器人一般采用液压驱动,具有动作速度快、防爆性能好等特点,可通过手把手示教或点位示教来完成程序录入,进行喷涂工作。喷涂机器人广泛用于汽车、仪表、电气、搪瓷等工艺生产部门,喷涂机器人能在恶劣环境下连续工作,并具有工作灵活、作业精度高等特点,因此喷涂机器人被广泛应用于汽车、大型结构件等喷漆生产线,以保证产品的加工质量、提高生产效率、减轻操作人员劳动强度;③搬运机器人。搬运作业是指用一种设备握持工件,从一个加工位置移到另一个加工位置。搬运机器人可安装不同的末端执行器(如机械手爪、真空吸盘、电磁吸盘等)以完成各种不同形状和状态的工件搬运,大大减轻了

①党宏社,孙俊龙,陶亚凡,等.基于粒子群算法的工业机器人焊接系统[J].实验室研究与探索,2019,38(10):80—83+119.

人类繁重的体力劳动。通过编程控制,可以让多台机器人配合各个工序不同设备的工作时间,实现流水线作业的最优化。搬运机器人具有定位准确、工作节拍可调、工作空间大、性能优良、运行平稳可靠、维修方便等特点。目前世界上使用的搬运机器人已超过10万台,广泛应用于机床上下料、自动装配流水线、码垛、集装箱等的自动搬运;④装配机器人。装配机器人是柔性自动化装配系统的核心设备,由机器人执行机构、控制系统、末端执行器和传感系统组成。末端执行器为适应不同的装配对象而设计成各种手爪和手腕等,传感系统则用来获取装配机器人与环境和装配对象之间相互作用的信息。装配机器人具有精度高、柔顺性好、工作范围小、能与其他系统配套使用等特点,主要用于各种电气制造行业。

(3)按控制方式分类:工业机器人按控制方式的不同,可分为点位控制机器人、连续轨迹控制机器人、力(力矩)控制机器人和智能控制机器人。点位控制机器人只能从一个特定点运动到另一个特定点,而无法控制运动路径;连续轨迹控制机器人能够严格按照预定的轨迹和速度在一定精度范围内运动,并且速度可控,轨迹光滑,运动平稳;力(力矩)控制机器人在完成装配、抓放物体等工作时,除要准确定位之外,还要求使用适度的力或力矩进行工作;智能控制机器人可以通过某些方式(如智能传感器)感知自己的运动位置,并把所感知的位置信息反馈回来以控制机器人的运动轨迹。

4.工业机器人的未来发展方向。

(1)灵巧操作技术:工业机器人机械臂和机械手在制造业中有时需要模仿人手进行灵巧操作,有时甚至需要实现机械手的握取。这就需要在高精度、高可靠性的感知、规划和控制方面开展关键技术研发,也可通过改进机械结构和执行机构来提高工业机器人的精度、可重复性、分辨率等各项性能。

(2)自主导航技术:在由静态障碍物、车辆、行人和动物组成的环境中实现安全自主导航,是一些装配生产线需要深入研发和攻关的关键。需要自主导航技术的工业机器人有对原材料进行装卸处理的搬运机器人、实现原材料到成品高效运输的工业机器人以及类似于仓库存储和调配的后勤操作工业机器人等。

(3)环境感知与传感技术:未来的工业机器人将拥有强大的感知系统,

以监测机器人及周围设备的任务进展情况;同时能够及时检测部件和产品组件的生产情况,甚至估算出生产人员的情绪和身体状况,这需要攻克高精度触觉和力觉传感器技术、非侵入式生物传感器技术、人类行为和情绪表达技术、3D环境感知自动化技术。

(4)人机交互技术:未来工业机器人的研发越来越强调新型人机合作的重要性,这就需要研究全侵入式图形化环境、三维全息环境建模、三维虚拟现实装置以及力、温度、振动等多物理效应作用的人机交互装置等。

第四节　智慧农业

中国作为一个农业大国,"三农"问题关系到国民素质、经济发展,关系到社会稳定、国家富强、民族复兴。自2004年以来,党中央一号文件无一不是聚焦"三农"问题。在智能化风起云涌的今天,农业发展必然离不开智能化的助力,将传统农业过渡到现代农业,进而发展成为智慧农业,是我国农业发展的必由之路,也是智能领域的机遇和挑战。

一、智慧农业的概念及发展方向

(一)智慧农业的概念

随着现代信息技术在农业领域的广泛应用,农业的第三次革命——农业智能革命已经到来。智慧农业是以信息和知识为核心要素,通过将互联网、物联网、大数据、云计算、人工智能等现代信息技术与农业深度融合,实现农业信息感知、定量决策、智能控制、精准投入、个性化服务的全新的农业生产方式,是农业信息化发展从数字化到网络化再到智能化的高级阶段。现代农业有三大科技要素:品种是核心,设施装备是支撑,信息技术是质量水平提升的手段。智慧农业完美融合了以上三大科技要素,对农业发展具有里程碑意义。

我国未来10年智慧农业发展的战略目标为:瞄准农业现代化与乡村振

兴战略的重大需求,突破智慧农业核心技术、卡脖子技术与短板技术,实现农业"机器替代人力""电脑替代人脑""自主技术替代进口"三大转变,提高农业生产智能化和经营网络化水平,加快信息化服务普及,降低应用成本,为农民提供用得上、用得起、用得好的个性化精准信息服务,大幅提高农业生产效率、效能、效益,引领现代农业发展。

(二)智慧农业发展方向

1.研发具有自主知识产权的农业传感器。传感器是智慧农业核心技术,高端传感器的核心部件(如激光器、光栅等)制约了智慧农业发展。要研发具有自主知识产权的土壤养分(氮素)传感器、土壤重金属传感器、农药残留传感器、作物养分与病害传感器、动物病毒传感器以及农产品品质传感器等。

2.发展大载荷农业无人机植保系统。包括研发载荷200千克以上的高端无人机的导航平台、作业装备,重点攻克田间环境感知和自主作业避障技术,发展大载荷自主控制农业植保无人机平台和精准施药技术装备等。

3.研制智能拖拉机。目前我国大马力高端智能拖拉机主要依靠进口。需研制农机传感器高性能芯片、智能终端、基于国际标准的控制器局域网络(Controller Area Network,CAN)总线技术控制模块,攻克拖拉机自动驾驶技术,包括农机导航陀螺加速度传感器、全球导航卫星系统(Global Navigation Satellite System,GNSS)板卡、ARM(Advanced RISC Machines)芯片、角度传感器、电动方向盘电机和现实增强技术等。

4.研发农业机器人。要研发一批能承担高劳动强度、适应恶劣作业环境、完成高质量作业要求的农业作业机器人,如嫁接机器人、除草机器人、授粉机器人、打药机器人以及温室电动作业机器人等。

5.解决农业大数据源问题。信息处理是智慧农业发展的最大瓶颈。要建立高效、低成本的环境信息获取系统,积极发展农业专用卫星,协同用好高分系列卫星和国际其他卫星资源,解决农业大数据源问题。

6.提升智慧农业产业。通过研发农业智能材料、农业传感器与仪器仪表、智能化农机装备、农业智能机器人、农业群体智能搜索引擎、农业智能语音服务机器人、农技推广智能化工具箱、农业软件智能重构工具产品,发展农业装备智能化生产线、农业商务智能服务、农业综合信息智能服务、农机智能调度与运维管理、农产品质量安全智能监管、农业资源智能监管、农情监测与智能会商、农产品监测预警系统平台等提升智慧农业产业。

二、智慧农业的应用

发展智慧农业,不仅需要技术的成熟和完善,也要依靠管理模式的创新,而其发展方向和突破口,就是对物联网技术的综合运用。从整体来看,物联网技术把智慧农业分解为几个有机组成部分:智慧生产、智慧管理、智慧交易、智慧服务。每个部分的信息和数据都是相互传播的,并成为农业大数据网络中的动力因子。如何将这几个部分的智慧农业应用案例有机组合在一起,并采取合理的模式使其良好运行,是用好智慧农业物联网技术的关键。

(一)智慧生产

智慧生产目的是利用物联网技术对农产品的质量进行源头性保障。智慧生产首先要依靠政府的扶持、引导和推动。比如,加快农村地区信息基础设施建设步伐;加快对物联网技术研发的投入速度;加深各级政府部门及社会各界对"智慧农业"概念的理解深度;积极推进对农户的观念引导和技术培训。智慧生产让农业生产环节的各类基础性信息和数据能够被完整、详细、全面地记录和使用。

(二)智慧管理

智慧管理是对农产品进入生产环节之后所产生的一系列数据进行管理,包括预警、防范、调度、控制、异常问题的处理和指挥等。智慧管理的关键在于及时分析和处理各类数据,并将传感器网络与信息决策和处理网络进行无缝连接,让数据能够自我管理、自我处理和修复。具体来看,就是要在农村地区积极建设公共信息资源数据库,推广各种综合类信息服务平台,建立国家、省、市、区(县)四级农业生产决策指挥调度中心和农业专家系统平台,将技术与实际问题和需求紧密结合在一起。

(三)智慧交易

这是实现智慧农业市场价值的重要环节,包括利用物联网技术跟踪、记录、监测、查询和反馈农产品的出入库、物流、入市渠道、销售方式、售后市场反应等一系列数据。当前,应尽快搭建和完善农产品供求链条的智能模型和电子商务平台,尤其要大力推进农产品溯源系统的建设,降低农村相关产业的运营成本,细化和提升城乡产业衔接模块。

我国对农产品的溯源技术研究始于2002年,主要有两种运作模式:一是政府主导的农产品溯源系统平台,主要针对生产者、加工者在对农产品和农副产品进行生产加工制作时使用的原料、农药等进行追踪、规范和管制;二是企业主导的农产品溯源平台,主要针对消费者,技术路线是:消费者利用各种智能终端,扫描农产品二维码,通过物联网技术的大数据服务平台,追踪和查询产品整个生命周期、物流及交易过程中的相关数据和信息。这两种模式相比较而言,后者显然更具市场活力和创新能力,可以广泛推动各类生产要素的整合、社会资本的流动和增值、技术的更新和应用、市场诚信体系的成熟和完善,是智慧农业中最具发展前景的方向之一。

(四)智慧服务

智慧服务就是对上述所有物联网技术所提供的数据进行归类和整合,形成巨大的农业资源数据库,能够为以后的生产、管理、交易、投资等行为提供最优方案和战略。推动智慧服务主要有两种路径:一是政府的扶持、引导和推动;二是企业、社会团体及个人的关注和投入。前者是支柱性力量,要利用政策杠杆对智慧农业物联网技术和运营模式进行资金、技术、人员的扶持和倾斜;要多部门联动,带头鼓励社会组织、企业单位进行农业产业的科技创新、模式创新;制定农业物联网技术应用标准,比如,农业传感器及标识设备的功能、性能、接口标准,田间数据传输通信协议标准,农业多源数据融合分析处理标准、应用服务标准,农业物联网项目建设规范等,推动智慧农业全面健康发展。

发展智慧农业物联网技术要因地制宜,根据各地的信息基础设施、产业资源、物流成本、市场需求等条件来决定技术应用的种类和层次。在操作模式上,要逐步将政府的推动力量由主力变成助力,逐步完善土地流转等制度,加大政企合作的力度,搞活智慧农业的市场竞争机制,鼓励企业及相关研究单位进行人才培养和科技创新,共同推进智慧农业的科学、全面、健康发展。

三、智慧农业的基础技术

(一)农业工业化

农业工业化主要是指在以市场需求为导向的前提下,用工业的技术手段或者工业的设备,对初级农产品进行深加工,用工业的手段发展农产品加工业。从广义上说,农业工业化也指用现代化的工业设备和技术装备农业,如用现代的生物技术、种植技术、信息技术等改造农业,提高农业的生产效率和管理水平。还包括用现代工业的经营理念和组织方式,来管理农业的生产和经营。

农业工业化的主要特征包括以下几个方面。

1.全面实现机械化。与传统农业相比,农业工业化阶段的农业在生产方式上,逐步改变以人的体力为主的农业耕作方式,使用自动化、大功率的机械,实现了农业机械化,不仅在农业生产的各个主要环节,而且在各个辅助作业环节也都使用机械,即实现农业生产全程机械化。

2.化学技术和化学投入品的大面积推广普及和应用。农业工业化以追求经济效益为主要目的,为了实现农业外部投入与农业产出比的最大化,广泛采用现代化学技术、合成物质装备和改造传统农业,在农业生产中大量投入化肥和农药。

3.大力发展和使用设施农业和生物技术。设施农业采用大量现代化保护措施,在相对可控的环境下,按照人类意愿进行农产品工业化生产。设施农业极大地提高了农业的产量、产值和抗御自然灾害、风险的能力,也使水土资源得到了高效利用。同时,人类大量采用杂交、组织培养、核辐射、细胞融合、基因工程等先进生物技术改造传统农业。现代生物技术的不断突破及广泛应用,使农作物的产量、产值提升到一个新的水平和高度。

4.实行集约化和专业化生产经营方式。集约化是指在一定面积的土地上集约投入较多的物质、资金、科技、管理和劳动力等生产要素和资本,进行规模化种植或养殖的生产经营方式和手段。专业化是指农业生产单位专门从事一种生产经营,精于一业一职而不兼他业的生产经营方式,它包括农业企业专业化、农艺过程专业化和农业生产区域化。高度集约化、专业化和规模化生产给农业经营带来了前所未有的高产量、高效率和高效益。当农业被赋予机械化、技术化、商品化、工业化等新的内涵时,它本身就已经融合在工业文明之中了。

(二)自动检测技术

自动检测是指在计算机控制的基础上,对系统、设备进行性能检测和故障诊断,是性能检测、连续监测、故障检测和故障定位的总称。现代自动检测技术是计算机技术、微电子技术、测量技术、传感技术等学科共同发展的产物。凡是需要进行性能测试和故障诊断的系统、设备,均可以采用自动检测技术。

自动检测系统是指能自动完成测量、数据处理、显示(输出)测试结果的一类系统的总称。它是在标准的测控系统总线和仪器总线的基础上组合而成的,采用计算机、微处理器做控制器,通过测试软件完成对性能数据的采集、变换、处理、显示等操作程序,具有高速度、多功能、多参数等特点。

自动检测系统主要包括以下几部分。

1.控制器。控制器是自动检测系统的核心,由计算机组成。它是在检测程序的作用下,对检测周期内的每一步骤进行控制,完成管理检测周期、控制数据流向、接收检测结果、进行数据处理、检查读数是否在误差范围内、进行故障诊断、将检测结果送到显示器等功能。

2.激励信号源。主要应用于主动式检测系统,它向被测单元提供检测所需的激励信号。

3.测量仪器。检测被测单元的输出信号,根据激励信号的不同选择合适的测量仪器。

4.开关系统。控制被测单元和自动检测系统中有关部件间的信号通道,即控制激励信号输入被测单元和被测单元的被测信号输往测量装置的信号通道。

5.人机接口。实现操作员和控制器的双向通信。操作员用键盘或开关向控制器输入信息,控制器将检测结果及操作提示等有关信息送到显示器显示。当需要打印检测结果时,人机接口内应配备打印机。

6.检测程序。自动检测系统是在检测程序的控制下进行性能检测和故障诊断的。检测程序完成人机交互、仪器管理和驱动、检测流程控制、检测结果的分析处理和输出显示、故障诊断等,它是自动检测系统的重要组成部分。

（三）农业信息传感器

传感器是智慧农业的源头,通过各类农业传感器感知农田、农业设施、畜牧养殖、水产养殖等生产环节的各种信息,还可获取作物信息、农田环境信息、农机作业信息等,分析与处理采集的环境信息,最终形成可提供决策支持的信息命令,为精细农业提供更加丰富的实时信息,为农业生产提供智能化、智慧化管理。

1.溶解氧传感器。溶解氧传感器是指用来检测溶解在水中的分子态氧的一种仪器,其检测结果是评定农业水产养殖中水质优劣、水体被污染程度的一个重要指标。目前,溶解氧传感器包括电化学型、化学型、光学型3种类型。

化学型溶解氧传感器的工作原理是,利用氯化锰和碱性碘化钾试剂加入待测水样中生成氢氧化锰沉淀,2价锰被溶解氧氧化成4价锰,生成 Mn_2O_3 棕色沉淀,随后加入硫酸酸化的KI反应生成 I_2,用淀粉做指示剂,利用硫代硫酸钠滴定析出的碘计算溶解氧的含量。这种传感器测定简单、结果准确、重现性好。但测定时间长,操作烦琐,并需要消耗大量的化学药品。针对碘量法的不足,许多研究对其进行了修正与改进,主要有叠氮化钠修正法、高锰酸钾修正法等。

Clark 型溶解氧传感器以铂或金做阴极,银做阳极,KCl溶液通常作为电解质。当阴阳两极间受到一定外加电压时,溶解氧会透过透氧膜,在阴极上被还原产生的扩散电流与氧浓度成正比,从而测定溶解氧含量。极谱型传感器工作时,电解质参与反应,必须隔一段时间添加电解质。极谱型电极使用寿命长,但其价格昂贵。

原电池型溶解氧传感器电极的阴极由对氧具有催化还原活性比较高的贵金属(Pt、Au、Ag)构成,阳极由不能够极化的金属(Pb、Cu、Cd)构成,电解质采用KOH、KCl或其缓冲溶液。原电池型溶解氧传感器通过氧化还原反应在电极上产生电流,生成K_2HPO_3时向外电路输出电子,这时会有电流产生并通过,根据电流的大小就可以求出氧浓度。原电池型溶解氧传感器电极不需要外部提供电压,也不需要添加电解液或维护更换电极膜,测量更加简单方便,但是阳极的消耗会限制其使用寿命。

电位溶解氧传感器是利用不同的氧气浓度产生的电位建立线性方程,从而对水中溶解氧含量进行测定。一般主要是利用结构中有氧缺陷、对氧敏感的物质作为电极,主要有IrO_2、RuO_2、ZrO_2等。

分光光度法溶解氧传感器根据I_3与罗丹明B在硫酸介质中反应生成离子缔合物在360纳米波长处有最大吸收,然后进行溶解氧的测定,结果发现该方法具有操作简单、测量快速、准确度高的优点。

荧光猝灭原理溶解氧传感器是基于分子态的氧可以与荧光团发生动态猝灭而设计的,具有稳定性、可逆性好以及响应时间短和使用寿命长的特点。

2.水体酸碱度传感器。酸碱度(pH)指溶液中氢离子浓度,标示了水的最基本性质,对水质的变化、生物繁殖的消长、腐蚀性、水处理效果等均有影响,是评价水质的一个重要参数。目前,水体酸碱度传感器主要分为光学pH传感器、电化学pH传感器、质谱pH传感器、光化学pH传感器4类。其中光学pH传感器根据其原理不同又可分为荧光pH传感器、吸收光谱pH传感器、化学发光pH传感器3种。

不同类型pH传感器的工作原理不同,光学pH传感器中,荧光pH传感器的工作原理是利用不同pH的被测样品发出的荧光经反射后的光路径的不同测定;吸收光谱pH传感器的工作原理则是利用不同pH被测样品对光谱的吸收程度不同,从而测定样品的pH值;化学发光pH传感器的工作原理则是处于基态的分子吸收反应中释放的能量,跃迁至激发态,然后激发态的分子以辐射的方式回到基态,伴有发光现象,通过检测发光的强度来确定被测物质含量。

电化学pH传感器的工作原理则是以电极为传感器,将待测物的化学信号直接转变为电信号来完成对待测组分的检测。

质谱pH传感器工作原理则是通过使样品各组分发生电离,不同质荷比的离子经过电场的加速作用形成离子束,在质量分析器中的离子束发生速度色散,再将其聚焦确定质量,从而对样品的结构与成分进行分析。

光化学pH传感器工作原理则是利用光学性能随着氢离子浓度的变化发生相应改变,通过光纤或其他光传导方法把白光或某种特定波长下的光导入检测器中,检测模块的反射光、透射光或发出的荧光信号随着离子浓度变化而变化,对变化的光信号进行处理和分析便可得出所测溶液的pH值。

3.水体温度传感器。水体温度是水产养殖要监测的基本参数,其传感器大致分为电阻式、PN结式、热电式、辐射式4种类型。4种温度传感器的工作原理各不相同,电阻式温度传感器是根据不同的热电阻材料与温度间的线性关系设计而成;PN结式温度传感器以PN结的温度特性作为理论基础;热电式利用了热电效,根据两个热电极间的电势与温度之间的函数,对其进行测量;辐射式温度传感器的原理是不同物体受热辐射其物体表面颜色变化深浅不一。

4.水体氨氮传感器。氨氮是水产养殖中重要的理化指标,主要来源于水体生物的粪便、残饵及死亡藻类。氨氮升高是造成水体富营养化的主要环境因素。目前,水体氨氮传感器主要有金属氧化物半导体(MOS)传感器、固态电解质(SE)传感器和碳纳米管(CNTs)气体传感器。

5.土壤含水量。土壤含水量是保持在土壤孔隙中的水分,其直接影响着作物生长、农田小气候及土壤的机械性能。在农业、水利、气象研究的许多方面,土壤含水量是一个重要参数。土壤水分传感技术的研究和发展直接关系到精细农业变量灌溉技术的优劣。

6.土壤电导率。电导率是指一种物质传送电流的能力,是利用电流通过传感器的发射线圈,进而产生原生动态磁场,从而在大地内诱导产生微弱的电涡流以及次生磁场。位于仪器前端的信号接收圈,通过接收原生磁场和次生磁场信息,测量二者之间的相对关系从而测量土壤电导率。

7.土壤养分。土壤养分制约着作物生长发育,土壤养分的实时检测是作物良好生长的先决条件,而土壤养分传感器是获取土壤成分的主要手段。土壤养分测定的主要是氮、磷、钾三种元素,它们是作物生长的必需营养元素。目前,测定土壤养分的传感器主要分为化学分析土壤养分传感器、比色土壤养分传感器、分光光度计土壤养分传感器、离子选择性电极土壤养分传感器、离子敏场效应管土壤养分传感器、近红外光谱分析土壤养分传感器,其各具优缺点。

第五章 人工智能在智慧服务中的应用

第一节 智慧医疗

　　健康是人民的基本需求,是经济社会发展的基础。随着中国特色社会主义进入新时代,社会主要矛盾转化为人民日益增长的美好生活需要和不平衡不充分的发展之间的矛盾,人民的健康需求也随之发生变化。医疗卫生行业具有服务对象广、工作负荷大、职业风险多、成才周期长、知识更新快的特点,提供优质高效的医疗卫生服务,一方面要依靠科技进步、理念创新,大力提升医疗技术水平,提高医疗服务效率;另一方面要深刻认识到,医务人员是医疗卫生服务和健康中国建设的主力军,是社会生产力的重要组成部分,充分调动、发挥医务人员积极性、主动性,对提高医疗服务质量和效率,保障医疗安全,建立优质高效的医疗卫生服务体系,维护社会和谐稳定具有十分重要的意义。在不久的将来医疗行业将融入更多人工智能、传感技术等高科技,使医疗服务走向真正意义的智能化,推动医疗事业的繁荣发展。在中国新医改的大背景下,智慧医疗正在走进寻常百姓的生活。

一、智慧医疗的核心内涵

(一)智慧医疗的概念

　　智慧医疗是一门新兴学科,也是一门交叉学科,融合了生命科学和信息技术。智慧医疗的关键技术是现代医学和通信技术的重要组成部分。智慧医疗通过打造以电子健康档案为中心的区域医疗信息平台,利用物联网相关技术,实现患者与医务人员、医疗机构、医疗设备之间的互动,逐步达到全面信息化。

目前,类似概念很多,诸如无线医疗、移动医疗、物联健康等说法,然而从以上概念的核心特征看均属于智慧医疗范畴。根据信息互动主体不同,智慧医疗的业务范围大体分为智慧医院服务、区域医疗交互服务、自助健康监护服务。

1.智慧医院服务。智慧医院服务主要指在医院内部展开的智能化业务,一方面有方便患者的智能化服务,如患者无线定位、患者智能输液、智能导医等;另一方面有方便医护人员的智能化服务,如防盗、视频监控、一卡通、无线巡更、手术示教、护理呼叫等。此外,医院之间的远程会诊也是智慧医疗业务的重要组成部分。

2.区域医疗交互服务。区域医疗服务信息化是以用户为中心,将公共卫生、医疗服务、疾病控制甚至包括社区自助健康服务的内容相互联系起来。该信息化服务以健康档案信息的采集、存储为基础,自动产生、分发、推送工作任务清单,为区域内各类卫生机构开展医疗卫生服务活动提供支撑。

区域医疗服务平台是连接区域内的医疗卫生机构基本业务信息系统的数据交换和共享平台,是不同系统间进行信息整合的基础和载体。通过该平台,将实现以电子健康档案信息为中心的妇幼保健、疾控、医疗服务等各系统信息的协同和共享。

3.自助健康监护服务。健康监护业务主要直接针对个人类或家庭类客户,主要实现方式为通过手机、家庭网关或专用的通信设备,将用户使用各种健康监护仪器采集到的体征信息实时(或准实时)传输至中心监护平台,同时可与专业医师团队进行互动、交流,获取专业健康指导。实现形式多种多样,还可结合区域医疗服务信息化平台,开展全民建档及电子健康档案信息更新;还可与应急指挥联动平台结合,根据定制化手机或定位网关提供一键呼叫、预报警等功能。

(二)智慧医疗技术特征

智慧医疗需要新一代的生命科学技术和信息技术作为支撑,才能实现全面、透彻、精准、便捷的服务。智慧医疗在整个互联网、物联网体系中所涉及的感知层、网络层、应用层的各种关键技术,具有以下技术特征。

1.技术范围广。

(1)智能感知类技术:如射频标识技术、定位技术、体征感知技术、视频识别技术等。智慧医疗中的相关数据主要是从医院和用户家中安装的传感器获取的,对被检测对象进行准确的数据采集、检测、识别、控制和定位。

(2)信息互通类技术:如感知技术、电磁干扰技术、高能效传输技术等,是实现用户与医疗机构、服务机构之间健康信息网络协作的数字沟通渠道,为整个医疗系统海量信息的分析挖掘提供通道基础。

(3)信息处理技术:如分布式计算技术、网络计算技术等,可完成对各类传感器原始测报或经过预处理的数据进行综合分析,更高层次的信息融合能够实现先对原始信息进行特征提取,再进行综合分析和处理。

2.技术需求个性化强。

(1)防干扰技术:针对智慧医院场景环境复杂、多种终端共存、医用设备防干扰要求高等特点,医疗健康环境电磁防干扰技术是智慧医院场景下的重点技术,主要针对临床场景下多个移动用户及射频干扰源对医疗设备的电磁干扰影响。

(2)无线定位技术:根据医院、家庭、野外环境下实时监护需求,提出三维空间的精确定位的要求。目前,有超声波定位技术、蓝牙技术、红外线技术、射频识别技术、超宽带技术、光跟踪定位技术以及图像分析、信标定位、计算机视觉定位技术等,可实现医护人员、病人、医疗设备等目标移动条件下的精确定位。

(3)高效传输技术:高效传输技术是充分利用不同信道的传输能力构成一个完整的传输系统,使信息得以可靠传输。针对医疗健康信息传输的需要,针对医学信号处理技术,研究能够有效压缩医疗传感器数据流、医疗影像数据的新的压缩算法;针对无线传感器网络的高能效传输技术,研究传感器网络分布式协作分集传输算法,从而提高传感器节点及整个无线传感器网络的能效。

(三)智慧医疗发展优势

通过健全和完善"互联网+医疗健康"的智慧医疗服务和支撑体系,更加精准对接和满足群众多层次、多样化、个性化的健康需求,使人们享受到智慧医疗创新成果带来的健康红利,在看病就医时更省心、省时、省力、省钱。

1."智慧"化解"看病烦"与"就医繁"。借助移动互联网等"互联网+"应用,医院通过不断拓展医疗服务的时间、空间,提高医疗服务供给与需求的匹配度。以"挂号难"为例,很多医院不仅开发了自己的手机App,还加入了卫生健康行政部门搭建的预约挂号平台,把医院号源放在一个号池里,患者通过互联网、手机、电话都可以进行挂号。另外,患者可以在线完成包括候诊、缴费、报告查阅等多个环节,不用多跑路,大大节省了时间和精力。针对老百姓实际需求,为患者在线提供常见病、慢性病处方,逐步实现患者在家复诊,使居民慢性病、老年性疾病可以在家护理、在家康复,极大提升了老百姓的医疗服务获得感。

2.跨时空均衡配置医疗资源。将优质医疗资源和优秀医生智力资源送到老百姓家门口。通过"互联网+医疗健康"的方式,从某种程度上可以使资源配置更加合理,利用"互联网+"技术把医疗资源和医生智力资源配置到资源匮乏的地区,特别是一些偏远地区、中西部地区和农村地区,在一定程度上促进、改变资源不均衡的情况。例如,通过建立互联网医院,把大医院与基层医院、专科医院与全科医生连接起来,帮助老百姓在家门口及时享受优质的医疗服务。针对基层优质医疗资源不足的问题,通过搭建互联网信息平台,开展远程会诊、远程心电、远程影像诊断等服务,促进检查检验结果实时查阅、互认共享,促进优质医疗资源纵向流动,大幅提升基层医疗服务能力和效率。鼓励医疗联合体借助人工智能等技术,面向基层开展预约诊疗、双向转诊、远程医疗等服务,推动构建有序的分级诊疗格局,帮助缓解老百姓看病难问题。

3.重塑大健康管理模式,实现"我的健康我能管"。在"互联网+"的助力下,健康管理正逐步迈向个性化、精确化。通过建立物联网数据采集平台,居民可通过智能手机、平板电脑、腕表等移动设备或相关应用,全面记录个人运动、生理数据。通过建立健康管理平台,依托网站、手机客户端等载体,家庭医生可随时与签约患者进行交流,为签约居民提供在线健康咨询、预约转诊、慢性病随访、延伸处方等服务,真正发挥家庭医生的健康"守门人"作用。借助"云、大、物、移"等先进技术,居民在家中就可通过网络完成健康咨询、寻找合适的医生,并在医生的辅助下更好地进行自我健康管理和康复。

二、智慧医疗的应用

随着医疗行业融入更多的人工智能,并借助5G技术,智慧医院正在走进寻常百姓生活。目前定义的智慧医院主要包括三大领域:①面向医务人员的"智慧医疗",主要指以电子病历为核心的信息化建设,借助医院局域网使电子病历和影像、检验等其他系统实现互联互通;②面向患者的"智慧服务",主要指借助现有智能化设备让患者感受更加方便和快捷的就医体验,如医院挂号缴费一体机、自助报告打印机的应用,患者可通过手机预约挂号、预约诊疗和出院结算等;③面向医院的"智慧管理",精细化的成本核算是医院精细化管理的重要依据,借助信息化管理系统,对医院进行高效管理。

智慧医院建设以数据为中心,构建通信网、互联网和物联网的基础网络。通过应用层建设结合丰富的终端和接入方式,实现医疗应用的可成长、可扩充,打造面向未来的智慧医院系统。医院物联网是智慧医院的核心,其实质是将各种信息传感设备,如RFID装置、红外感应器、定位系统、激光扫描器及医学传感器等与互联网结合起来形成的一个巨大的网络,进而实现远程会诊、移动办公、移动查房及智能救护车等医院资源的智能化、信息共享与互联。

智慧医院中具体的应用包括:第一,电子病历。现阶段电子病历正向结构化电子病历过渡,利用智慧医院平台,可为医院提供基于系统架构的功能完善、格式统一的电子病历系统,以实现高效的业务处理,全面的医疗数据采集、集成和综合利用。通过智慧医院平台将电子病历系统进行延伸,医生通过移动终端即可远程登录电子病历系统;第二,远程会诊及探视。基于5G网络的远程会诊及探视系统,医生能随时随地诊断患者病情,家属也可随时随地了解患者情况;第三,移动云查房。借助智慧医院系统,医生可随时随地查房,避免出现紧急情况处理不及时造成严重后果;可借助系统减少纸质申请、报告和病历重复浪费的情况。通过移动终端,可克服桌面系统束缚,让医生回到患者身边,与患者及时交流,减少患者心理负担;第四,智能救护车。传统救护车接到患者后,车上仅能临时处理而无法精准诊断,常贻误病情而出现救助不及时的情况,智能救护车可借助智慧医院平台,对车载医疗仪器、设备进行数据采集和记录,并实时传回中心平台,可在移动中进行远程诊断。同时,可实时定位救护车位置,在救护车到达医院之前做好急救准备工作。

随着5G时代的到来,相信物联网技术在医疗领域的应用必将取得长足发展,实现智慧医院对人的精准化医疗和对物的智能化管理。智慧医院可极大地支持医院内部医疗信息、药品信息、人员信息、管理信息、设备信息的数字化采集、存储、处理乃至传输和共享等,实现医疗过程透明化、医疗流程科学化、医疗信息数字化以及服务沟通人性化,达到提升医护工作效率、增强患者服务体验和优化内部管理机制的目的。

三、智慧医疗的基础技术

智慧医疗是5G技术在物联网丰富应用中的一个十分重要的场景。在5G网络下,诊所和治疗将突破原有的地域限制,医疗资源更加平均,健康管理和初步诊断将家居化,医生与患者可以实现更高效地分配和对接。5G时代,传统医院将向健康管理中心转型。未来,随着5G技术的进一步商用、普及,在5G技术下的智慧医疗将得到更多应用,医疗水平、医疗技术也可以得到进一步提高。

(一)5G技术发展背景与历程

移动通信延续着每10年一代技术的发展规律,已历经1G、2G、3G、4G的发展。每一次代际跃迁,每一次技术进步,都极大地促进了产业升级和经济社会发展。从1G到2G,实现了模拟通信到数字通信的过渡,移动通信走进了千家万户;从2G到3G、4G,实现了语音业务到数据业务的转变,传输速率明显提升,促进了移动互联网应用的普及和繁荣。

1G即第一代移动通信系统,指最初的模拟、仅限语音的通信技术,只能打电话,不能上网。1G是已经淘汰的以模拟技术为基础的蜂窝无线电话系统,由于技术限制,设计上因为使用模拟调制、FDMA(频分多址),其抗干扰性能差,频率复用度和系统容量都不高。同时,由于采用的是模拟技术,1G系统的容量十分有限。此外,安全性和抗干扰也存在较大的问题。1G系统的先天不足,使得它无法真正大规模普及和应用,价格更是非常昂贵,成为当时的一种奢侈品和财富的象征。

2G以数字语音传输技术为核心。由于模拟通信存在较差的安全性,从2G开始进入数字调制,相比于第一代移动通信,第二代移动通信具备高度保密性,系统的容量也在增加,同时从这一代开始,手机可以上网了,不过人们只能浏览一些文本信息。虽然第二代移动通信可以更有效率地连入互联网,然而2G技术的缺点也是很显著的:传输速率低、网络不稳定、维护成本高等。

随着人们对移动网络的需求不断加大,第三代移动通信网络必须在新的频谱上制定出新的标准,享用更高的数据传输速率。也就是3G相对2G主要是扩展了频谱,增加了频谱利用率,提升了速度,降低了延迟,更加利于互联网业务。

3G的最大速度估计约为2Mb/s,处于移动状态的车辆的最大的接入速度约为384Kb/s,是2G的140倍。3G时代,智能手机出现。2008年苹果推出了支持3G网络的iPhone 3G。人们可以在手机上直接浏览电脑网页、收发邮件、进行视频通话、收看直播等,人类正式步入移动多媒体时代。

4G时代,是移动互联网的新时代。4G时代最大特点:智能移动设备迅速普及,采用更加先进的通信协议的第四代移动通信,具备速度更快、通信灵活、智能性高、高质量通信和资费相对更低等特点,几乎能够满足所有用户对无线服务的要求。对于用户而言,相比2G和3G,4G网络在传输速度上有了非常大的提升,其理论速度是3G的50倍,实际体验也都在10倍左右,上网速度可以媲美20Mb/s家庭宽带,因此4G网络具备观看高清电影、召开视频会议和大数据传输等功能。但是4G技术也有缺点:覆盖范围有限,数据传输延迟等。

当前,移动网络已融入社会生活的各个方面,深刻改变了人们的沟通、交流乃至整个生活方式。4G网络造就了非常辉煌的互联网经济,解决了人与人随时随地通信的问题。随着移动互联网快速发展,新服务、新业务不断涌现,移动数据业务流量爆炸式增长,4G移动通信系统难以满足未来移动数据流量暴涨的需求,5G系统应运而生。

(二)5G关键技术与性能指标

5G作为一种新型移动通信网络,不仅要解决人与人通信,为用户提供增强现实、虚拟现实、超高清视频等更加身临其境的极致业务体验,更要解决人与物、物与物的通信问题,满足移动医疗、车联网、智能家居、工业控制、环境监测等物联网应用需求。最终,5G将渗透到经济社会的各行业各领域,成为支撑经济社会数字化、网络化、智能化转型的关键新型基础设施。5G技术具有以下四大特点:①毫米波。5G为进一步提高移动通信速度,采用极高频段进行通信,电磁波的特点是频率越高,波长则越短,因此5G的波长达到毫米级;②微基站。波长越短,越容易受到干扰,因此5G的覆盖范围将严重受到影响。而微基站能够做到到处安装随处可见,而且微基站能够完美融入城市景观,不会使城市环境受到影响;③波束赋形。传统基站发射信号是向四周发射的,因此会有很多信号无人使用而浪费掉。波束赋形能使电磁波指向它所提供服务的设备,而且能够根据设备的移动而转变方向,这样每束光都能照亮一个人;④D2D(设备到设备)。4G手机通信,数据包要通过基站进行传播,不仅延时高,效率还低。而5G时代,手机之间直接传递数据,只需要"知会"基站一下就可以了,这样使传输效率大大提高。

其中,与5G无线网络密切相关的关键技术包括以下几项。

1.超密集异构网络。5G网络正朝着网络多元化、宽带化、综合化、智能化的方向发展。随着各种智能终端的普及,移动数据流量将呈现爆炸式增长。在5G网络中,减少小区半径,增加低功率节点数量,是保证5G网络支持1000倍流量增长的核心技术之一。因此,超密集异构网络成为5G网络提高数据流量的关键技术。

5G无线网络部署超过现有站点10倍的各种无线节点,在宏站覆盖区内,站点间距离保持10米以内,并且支持在每千米范围内为25000个用户提供服务。同时也可能出现活跃用户数和站点数的比例达到1∶1的现象,即用户与服务节点一一对应。密集部署的网络拉近了终端与节点间的距离,使得网络的功率和频谱效率大幅提高,同时也扩大了网络覆盖范围,扩展了系统容量,并且增强了业务在不同接入技术和各覆盖层次间的灵活性。

2.自组织网络。传统移动通信网络中,主要依靠人工方式完成网络部署及运维,既耗费大量人力资源又增加运行成本,而且网络优化也不理想。在5G网络中,也面临网络的部署、运营及维护的挑战,这主要是由于网络存在各种无线接入技术,且网络节点覆盖能力各不相同,它们之间的关系错综复杂。因此,自组织网络(Self-Organizing Network,SON)的智能化成为5G网络必不可少的一项关键技术。自组织网络技术解决的关键问题主要有两点:①网络部署阶段的自规划和自配置。自规划的目的是动态进行网络规划并执行,同时满足系统的容量扩展、业务监测或优化结果等方面的需求。自配置即新增网络节点的配置可实现即插即用,具有低成本、安装简易等优点;②网络维护阶段的自优化和自愈合。自优化的目的是减少业务工作量,达到提升网络质量及性能的效果。自愈合是指系统能自动检测问题、定位问题和排除故障,大大减少维护成本并避免对网络质量和用户体验造成影响。

目前,主要有集中式、分布式以及混合式三种自组织网络架构。其中,基于网管系统实现的集中式架构具有控制范围广、冲突小等优点,但也存在着运行速度慢、算法复杂度高等方面的不足;而分布式与之相反,效率和响应速度高,网络扩展性较好,对系统依赖性小,缺点是协调困难;混合式结合前两者的优点,缺点是设计复杂。

3.内容分发网络。在5G中,面向大规模用户的音频、视频、图像等业务急剧增长,网络流量的爆炸式增长会极大地影响用户访问互联网的服务质量。如何有效地分发大流量的业务内容,降低用户获取信息的时延,成为网络运营商和内容提供商面临的一大难题。仅仅依靠增加带宽并不能解决问题,它还受到传输中路由阻塞和延迟、网站服务器的处理能力等因素的影响,这些问题的出现和用户与服务器之间的距离有密切关系。

内容分发网络(Content Distribution Network,CDN)是在传统网络中添加新的层次,即智能虚拟网络。CDN系统综合考虑各节点连接状态、负载情况以及用户距离等信息,通过将相关内容分发至靠近用户的CDN代理服务器上,实现用户就近获取所需的信息,使得网络拥塞状况得以缓解,降低响应时间,提高响应速度。

当用户对所需内容发送请求时,如果源服务器之前接收过相同内容的请求,则该请求被DNS重新定向到离用户最近的CDN代理服务器上,由该代理服务器发送相应内容给用户。因此,源服务器只需要将内容发给各个代理服务器,便于用户从就近的带宽充足的代理服务器上获取内容,降低网络时延并提高用户体验。随着云计算、移动互联网及动态网络技术的发展,内容分发技术逐步趋向于专业化、定制化,在内容管理、推送以及安全性方面都面临新的挑战。

4.D2D通信。在5G网络中,网络容量、频谱效率需要进一步提升,更丰富的通信模式以及更好的终端用户体验也是5G的演进方向。设备到设备通信(Device-to-Device Communication,D2D)具有潜在的提升系统性能、增强用户体验、减轻基站压力、提高频谱利用率的前景。因此,D2D是5G网络中的关键技术之一。

D2D通信是一种基于蜂窝系统的近距离数据直接传输技术。D2D会话的数据直接在终端之间进行传输,不需要通过基站转发,而相关的控制信令,如会话的建立、维持、无线资源分配以及计费、鉴权、识别、移动性管理等仍由蜂窝网络负责。蜂窝网络引入D2D通信,可以减轻基站负担,降低端到端的传输时延,提升频谱效率,降低终端发射功率。当无线通信基础设施损坏,或者在无线网络的覆盖盲区,终端可借助D2D实现端到端通信甚至接入蜂窝网络。

5G网络在引入D2D通信带来好处的同时,也面临一些挑战。当终端用户间的距离不足以维持近距离通信或者满足D2D通信条件时,如何进行

D2D通信模式和蜂窝通信模式的最优选择以及通信模式的切换都需要思考解决。

5.信息中心网络。随着实时音频、高清视频等服务的日益激增,基于位置通信的传统TCP/IP网络无法满足海量数据流量分发的要求,网络呈现出以信息为中心的发展趋势。

信息中心网络(Information-Centric Network,ICN)所指的信息包括实时媒体流、网页服务、多媒体通信等,而信息中心网络就是这些片段信息的总集合。因此,ICN的主要概念是信息的分发、查找和传递,不再是维护目标主机的可连通性。不同于传统的以主机地址为中心的TCP/IP网络体系结构,ICN采用的是以信息为中心的网络通信模型,忽略IP地址的作用,甚至只是将其作为一种传输标识。全新的网络协议栈能够实现网络层解析信息名称、路由缓存信息数据、多播传递信息等功能,从而较好地解决计算机网络中存在的扩展性、实时性以及动态性等问题。

尽管ICN可以解决现有IP网络的固有问题,但在扩展性、数据移动性及大范围部署等方面存在不足,其中最为突出的是部署性问题。由于现有IP网络拥有广泛的覆盖范围,且成功地运营了几十年,ICN的提出无疑是对IP网络的挑战。因此,5G网络更加注重ICN与IP网络的结合,使得ICN的发展更加实用。

6.移动云计算。近年来,智能手机、平板电脑等移动设备的软硬件水平得到了极大提高,支持大量的应用和服务,为用户带来了很大的便利。在5G时代,人们对智能终端的计算能力以及服务质量的要求越来越高,移动云计算成为5G网络创新服务的关键技术之一。

移动云计算是一种全新的IT资源或信息服务的交付与使用模式,它是在移动互联网中引入云计算的产物。移动网络中的移动智能终端以按需、易扩展的方式连接到远端的服务提供商,获得所需资源,主要包含基础设施、平台、计算存储能力和应用资源等。

在移动云计算中,移动设备需要处理的复杂计算和数据存储迁移到云中,降低了移动设备的能源消耗并弥补了本地资源不足的缺点。此外,由于云中的数据和应用程序存储和备份在一组分布式计算机上,降低了数据和应用发生丢失的概率,移动云计算还可以为移动用户提供远程的安全服务,支持移动用户无缝地利用云服务而不会产生延迟、抖动。

7.情境感知技术。随着设备数量海量增长,5G网络不仅承载人与人之间的通信,而且还要承载人与物之间以及物与物之间的通信,既可支撑大量终端,又可使个性化、定制化的应用成为常态。情境感知技术能够让5G网络主动、智能、及时地向用户推送所需的信息。

情境感知技术是一个信息系统,采用传感器或无线通信等相关技术,使计算机设备、PDA、智能手机等设备具备感知当前情境的能力,并通过这些设备分析和确定可获得的情境信息,如用户当前位置、时间、附近的人和设备以及用户行为,主动为用户提供可靠的、合适的服务。情境感知技术使移动互联网主动、智能、及时地把最相关的信息推送给用户,而不是由用户主动向移动互联网发起信息请求,然后让用户在信息的"海洋"中苦苦地选择自己感兴趣的内容。情境感知技术使得5G可以在网络约束以及运营商策略的框架之内智能地响应业务应用的相关需求,完成"网络适应业务"。

(三)5G技术应用领域

1.工业领域。5G在工业领域的应用涵盖研发设计、生产制造、运营管理及产品服务四个大的工业环节,主要包括16类应用场景,分别为:AR/VR研发实验协同、AR/VR远程协同设计、远程控制、AR辅助装配、机器视觉、AGV物流、自动驾驶、超高清视频、设备感知、物料信息采集、环境信息采集、AR产品需求导入、远程售后、产品状态监测、设备预测性维护、AR/VR远程培训。当前,机器视觉、AGV物流、超高清视频等场景已取得了规模化复制的效果,实现"机器换人",大幅降低人工成本,有效提高产品检测准确率,达到了提升生产效率的目的。未来远程控制、设备预测性维护等场景预计将会产生较高的商业价值,5G在工业领域丰富的融合应用场景将为工业体系变革带来极大潜力,赋能工业智能化发展。

2.医疗领域。5G通过赋能现有智慧医疗服务体系,提升远程医疗、应急救护等服务能力和管理效率,并催生5G+远程超声检查、重症监护等新型应用场景。

5G+超高清远程会诊、远程影像诊断、移动医护等应用,在现有智慧医疗服务体系上,叠加5G网络能力,极大提升远程会诊、医学影像、电子病历等数据传输速度和服务保障能力。在抗击新冠肺炎疫情期间,解放军总医院联合相关单位快速搭建5G远程医疗系统,提供远程超高清视频多学科会诊、远程阅片、床旁远程会诊、远程查房等服务,支援湖北新冠肺炎危重症患者救治,有效缓解抗疫一线医疗资源紧缺问题。

5G+应急救护等应用,在急救人员、救护车、应急指挥中心、医院之间快速构建5G应急救援网络,在救护车接到患者的第一时间,将病患体征数据、病情图像、急症病情记录等以毫秒级速度、无损实时传输到医院,帮助院内医生做出正确指导并提前制定抢救方案,实现患者"上车即入院"的愿景。

5G+远程手术、重症监护等治疗类应用,由于其容错率极低,并涉及医疗质量、患者安全、社会伦理等复杂问题,其技术应用的安全性、可靠性需进一步研究和验证,预计短期内难以在医疗领域实际应用。

3.文旅领域。5G在文旅领域的创新应用将助力文化和旅游行业步入数字化转型的快车道。5G智慧文旅应用场景主要包括景区管理、游客服务、文博展览、线上演播等环节。5G智慧景区可实现景区实时监控、安防巡检和应急救援,同时可提供VR直播观景、沉浸式导览及AI智慧游记等创新体验,大幅提升了景区管理和服务水平,解决了景区同质化发展等痛点问题;5G智慧文博可支持文物全息展示、5G+VR文物修复、沉浸式教学等应用,赋能文物数字化发展,深刻阐释文物的多元价值,推动人才团队建设;5G云演播融合4K/8K、VR/AR等技术,实现传统曲目线上线下高清直播,支持多屏多角度沉浸式观赏体验,5G云演播打破了传统艺术演艺方式,让传统演艺产业焕发了新生。

第二节 智慧教育

教育作为人类精神领域培养和提高的重要手段,也是人类一直以来孜孜追求的。如今,我们拥有了越来越丰富的教育资源,开发运用了越来越多的数字教育技术。数字教育是信息化环境开展的基于各种数字技术的新型教育形态,但是归根结底这些数字技术只能是一种手段,而智慧教育则需要更利于人格发展的教育理念、更公平完善的教育制度以及更优质的教育资源作为支撑。

智慧教育是以数字化信息和网络为基础,在计算机和网络技术上建立起来的对教学、科研、管理、技术服务、生活服务等校园信息的收集、处理、整合、存储、传输和应用,使数字资源得到充分优化利用的一种虚拟教育环境。通过实现从环境(包括设备、教室等)、资源(如图书、讲义、课件等)到应用(包括教、学、管理、服务、办公等)的全部数字化,在传统校园基础上构建一个数字空间,以拓展现实教育的时间和空间维度,提升传统教育的管理、运行效率,扩展传统校园的业务功能,最终实现教育过程的全面信息化,从而达到提高管理水平、提升就业率的目的。

一、智慧教育的概念与特点

(一)智慧教育的概念

智慧教育即教育信息化,是指在教育领域(教育管理、教育教学和教育科研)全面深入地运用现代信息技术来促进教育改革与发展的过程。其技术特点是数字化、网络化、智能化和多媒体化,基本特征是开放、共享、交互、协作。以教育信息化促进教育现代化,用信息技术改变传统模式。

教育信息化有两层含义:一是把提高信息素养纳入教育目标,培养适应信息社会的人才;二是把信息技术手段有效应用于教学与科研,注重教育信息资源的开发和利用。[①]教育信息化的核心内容是教学信息化。教学是教育领域的中心工作,教学信息化就是要使教学手段科技化、教育传播信息化、教学方式现代化。教育信息化要求在教育过程中较全面地运用以计算机、多媒体和网络通信为基础的现代信息技术,促进教育改革,从而适应正在到来的信息化社会提出的新要求,对深化教育改革、实施素质教育具有重大的意义。

教育信息化的发展,带来了教育形式和学习方式的重大变革,对传统的教育思想、观念、模式、内容和方法产生了巨大冲击。教育信息化是国家信息化的重要组成部分,对于转变教育思想和观念、深化教育改革、提高教育质量和效益、培养创新人才具有深远意义,是实现教育跨越式发展的必然选择。

智慧教育是依托物联网、云计算、无线通信等新一代信息技术所打造的物联化、智能化、感知化、泛在化的教育信息生态系统,是数字教育的高级发展阶段,旨在提升现有数字教育系统的智慧化水平,实现信息技术与教育主流业务的深度融合(智慧教学、智慧管理、智慧评价、智慧科研和智慧服务),促进教育利益相关者(学生、教师、家长、管理者、社会公众等)的智慧养成与可持续发展。

智慧教育是一个宏大的系统,包括智慧环境、智慧教学、智慧学习、智慧管理、智慧科研、智慧评价、智慧服务等核心要素。创新应用科技提升教育智慧,打造和谐、可持续发展的教育信息生态系统,培养大批智慧型人才,是信息时代智慧教育的终极目标。

(二)智慧教育的特点

从技术属性看,智慧教育的基本特征是数字化、网络化、智能化和多媒化。数字化使得教育信息技术系统的设备简单、性能可靠和标准统一,网络化使得信息资源可共享、活动时空少限制、人际合作易实现,智能化使得系统能够做到教学行为人性化、人机通信自然化、繁杂任务代理化,多媒化使

[①]陈琳,姜蓉,毛文秀,等. 中国教育信息化起点与发展阶段论[J]. 中国远程教育,2022(1):37—44+51.

得传媒设备一体化、信息表征多元化、复杂现象虚拟化。

从教育属性看,智慧教育的基本特征是开放性、共享性、交互性与协作性。开放性打破了以学校教育为中心的教育体系,使得教育社会化、终身化、自主化;共享性是信息化的本质特征,它使得大量丰富的教育资源能为全体学习者共享,且取之不尽、用之不竭;交互性能实现人、机之间的双向沟通和人、人之间的远距离交互学习,促进教师与学生、学生与学生、学生与其他人之间的多向交流;协作性为教育者提供了更多的人—人、人—机协作完成任务的机会。

智慧教育从根本上改变了传统的教学模式,它至少有四大优势。

1.信息传递优势。现代经济学认为,获取信息是克服人类"无知"的唯一途径。信息搜寻要花费代价(即交易费用),其中,信息传递成本占据了相当的份额。传统教学采用"师傅带徒弟"式的完全面接方法,花费了大量的人力物力,也是一种社会资源浪费。网络教学可高速传递信息,无疑大大节约了全社会的信息传递成本。

2.信息质量优势。随着"远程教育"工程的实施,学生可以共享优质教育资源和高质量的教学信息。不可否认的是,作为知识传导者的教师,水平也参差不齐,接受者获得的信息质量也就大有差异。远程教学由最优秀的教师制作课件,可以有效保证所传输的信息质量。

3.信息成本优势。包括接受教育在内的权利平等是人类共同追求的目标之一。但是,由于人们现实的生活环境和经济条件差异,无论政府还是民间团体和个人如何努力,仍有相当多的青少年和成人难圆"大学梦"或"继续教育梦"。远程教育使学生可在学校或家中利用在线网上教学平台,按照相关专业的教学安排,根据自身的学习特点和工作、生活环境,进行"到课不到堂"的自主学习。远程教育的低成本运行,带来了新的教育市场变化,大大增加了满足更多的学生,尤其是贫困学生以及因谋生而不得闲暇的成人们圆梦的机会。

4.信息交流优势。教学方式现代化改变传统的以老师为主的单向教学方式,形成以学生为主体,老师为主导的双主教学方式。教育信息化利用信息技术改变传统的教学模式,实行交互式教学,学生可以通过网上教学平台随时点播和下载教学资源,利用网上交互功能与教师或其他学生进行交流,通过双向视频等系统共享优秀教师的远程讲授及辅导,充分利用网络的互动优势开展学习活动。这样,每一个学生都能自由地发挥创造力和想象力,进而成长为具有探索求新能力的新型人才。

(三)智慧教育发展趋势

互联网、云计算、物联网等技术的快速发展,给高校教育的信息化建设带来了深刻的影响,学校信息化进入一个"跨越式"发展的阶段。在高校的正规教育里,信息化使以教师为中心、面对面、"黑板+粉笔"为主导的传统教学模式受到很大的冲击。

信息技术进入传统的课堂,多媒体、网络等新技术手段取代了"黑板+粉笔",使课堂教学更加生动、更加有效。除此之外,信息化还带来大量网络数字教学的新模式,这些新的教学模式与传统的模式相比,不仅形式新颖,还引进许多新的教学理念,如强调以学生为中心,更加注重发挥学生的主动性等个性化的教育方式。信息化从各个方面影响了高校的教育,使其无论从内容和形式上都发生了巨大的变化,教育信息化建设已经开始逐渐紧密围绕"智慧"的理念,打造信息时代的"智慧校园"。通过基于智慧校园的教育信息化建设,可以提高学校的信息服务和应用的质量与水平,建立一个开放、协作、智能的信息服务平台。

二、智慧教育的应用

(一)智慧课堂

智慧课堂是指以建构主义等学习理论为指导,以促进学生核心素养发展为宗旨,利用物联网、云计算、大数据、人工智能等先进技术打造智能、高效的课堂;通过构建"云—台—端"整体架构,创设网络化、数据化、交互化、智能化学习环境,支持线上线下一体化、课内课外一体化、虚拟现实一体化的全场景教学应用;推动学科智慧教学模式创新,真正实现个性化学习和因材施教,促进学习者转识为智、智慧发展。

(二)双师课堂

双师课堂是以"互联网+"的思维方式,基于新一代的信息技术,围绕教育均衡和师生的实际需求,实现课堂教学内容传递、实时互动、优质资源共享等远程课堂教学场景。

(三)大数据精准教学系统

大数据精准教学系统深度挖掘数据价值,帮助学校提升"备教改辅研管"的精准性与学生学习的有效性;借助大数据与人工智能技术实现基于学生常态化学情的精准诊断分析和优质资源推荐,提升教学效率与传统课堂教学容量。

(四)个性化学习手册

个性化学习作为智慧教育的核心要素,如何通过技术更好地支持和促进个性化学习的开展,已经成为智慧教育研究领域的诉求。个性化学习手册,是基于校内日常学业数据分析,不改变纸质习惯,通过大数据精准分析学生薄弱知识点,为每位学生定制的一套专属个性化学习方案。在错题整理的基础上为每位学生推荐个性化优质学习资源,实现错题举一反三,学生及时巩固,学习问题周周清,促进学生更高效地掌握知识、提升成绩,帮助学校分层教学,全面提高教学效率。

(五)智慧图书馆

智慧图书馆是指把智能技术运用到图书馆建设中而形成的一种智能化建筑,是智能建筑与高度自动化管理的数字图书馆的有机结合和创新。智慧图书馆是一个不受空间限制的、但同时能够被切实感知的一种概念。有人曾经说过,智慧图书馆将通过物联网实现智慧化的服务和管理,其实还包括云计算、智慧化的一些设备,通过这些来改造我们传统意义上的图书馆。

1.利用智慧图书馆实施流程化管理和精细化管理。随着数字图书馆的建设和发展,图书馆在管理手段上发生了重要变化,而互联网的广泛应用,也让用户需求发生了重要变化,在这样的背景下,通过智慧图书馆实现工作流程再造成为必然,从而实现对业务流程的重新梳理、精简和优化。

2.提升图书馆文献服务能力。通过知识社区对图书馆提供的文献服务进行整合,通过全面信息化系统对图书馆管理进行整合,通过文献搜索整合传统资源和数字资源,通过数据挖掘实现各系统的智能化、个性化,将极大方便读者,提升图书馆的整体文献服务能力和水平。

3.拓展图书馆文献服务范围,提高图书馆社会影响力。目前百度、谷歌和亚马逊等提供信息服务的互联网公司,在新时期对图书馆产生了巨大的压力,其根源是图书馆文献服务能力和范围还没能跟上技术进步和社会需求,而智慧图书馆可以通过完善的、科学的文献服务体系,通过各种信息技术,拓展到其他行业中随时提供文献服务,使图书馆无处不在,图书馆的社会影响力必将大幅提高。

三、智慧教育的基础技术

(一)机器学习

教育人工智能,其核心目标是"通过计算获得精准和明确的教育、心理和社会知识形式,这些知识往往是隐式的"。知识以学习者模型、领域知识模型和教学模型等形式呈现,算法是获得这些知识的核心技术。目前,已有大量教育人工智能系统被应用于学校,这些系统整合了教育人工智能和教育数据挖掘(Educational Data Mining,EDM)技术(如机器学习算法)来跟踪学生行为数据,预测其学习表现以支持个性化学习。由此可见,收集和整合大量的、不同源的数据支持实现个性化学习是必然趋势,而人工智能技术的应用将是实现这些数据价值最大化的关键。机器学习作为人工智能领域最核心、最热门的技术,能够基于大量数据的自动识别模式、发现规则,预测学生学习表现,为满足智慧教育和个性化学习的需求提供了可能。目前,国内外尚未有研究对机器学习的教育应用进行系统梳理。为此,我们试图通过全方位地梳理机器学习在教育领域的发展现状、潜力和面临的挑战等,为研究者和教育者开展智慧教育和个性化学习提供一定的理论和实践依据。

1.机器学习的定义。学习是人类的一种重要的智能行为。如果没有学习能力,那么人类社会就不可能在数万年之内发展出如此辉煌的文明。目前,在人工智能领域,人们普遍接受"学习就是系统在不断重复的工作中对本身能力的增强或者改进,使得系统在下一次执行同样任务或类似任务时会比现在做得更好或效率更高"。总而言之,学习是一个过程,这个过程可能很快,也可能很慢,学习过程有两种表现形式,即知识获取和技能求精。

机器学习就是通过对人类学习过程和特点进行研究,建立学习理论和方法,并应用于机器,以改进机器的行为和性能,提高机器解决问题的能力。通俗地说,机器学习就是研究如何用机器来模拟人类的学习活动,以使机器能够更好地帮助人类。

2.机器学习的一般步骤。机器学习的系统模型如图5-1所示,它是一个有反馈的系统,图中箭头表示信息流向。"环境"是指外部信息的来源,为系统的学习提供相关信息;"学习"代表系统的学习机构,从环境中获取外部信息,然后经过分析、综合、类比、归纳等思维过程获得新知识或改进知识库;"知识库"代表系统已经具有的知识和通过学习获得的知识;"执行"环节是基于学习后得到的新"知识库",它执行一系列任务,同时把执行结果反馈给学习环节,以完成对新"知识库"的评价,指导进一步的学习工作。

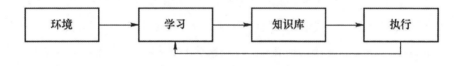

图5-1　机器学习的系统模型

在机器学习的系统模型中,影响机器学习系统设计最重要的因素是环境向系统提供的信息,即信息的质量,这些信息主要通过训练数据体现。

知识库里存放的是指导执行动作的一般原则,环境向学习系统提供的信息却是各种各样的,如果信息质量比较高,与知识库中一般原则的差别比较小,则学习部分比较容易处理,如果向学习系统提供的是杂乱无章的指导执行具体动作的信息,则需要学习系统在获得足够数据之后,删除不必要的细节进行总结推广,形成指导动作的一般原则,然后再放到知识库。

3.机器学习的过程。机器学习是数据通过算法构建出模型并对模型进行评估,评估的性能如果达到要求就拿这个模型来测试其他的数据,如果达不到要求就调整算法来重新建立模型,再次进行评估,如此循环往复,最终获得满意的结果来处理其他的数据。机器学习最大的特点是利用数据而不是指令来进行各种工作,其学习过程主要包括数据的特征提取、数据预处理、训练模型、测试模型、模型评估改进等几部分。

4.机器学习方法的分类。机器学习的方法种类繁多,并且机器学习正处于高速发展时期,各种新思想不断涌现,因此对所有机器学习方法进行全面系统的分类有些困难,目前比较流行的机器学习方法分类主要有:①按有无指导来分,可以分为有监督学习、无监督学习和强化学习;②按学习方法来分,主要有机械式学习、指导式学习、范例学习、类比学习和解释学习;③按推理策略来分,主要有演绎学习、归纳学习、类比学习和解释学习。不同的分类方法只是从某个侧面来划分系统。无论哪种类别,每个机器学习系统都包含一种学习策略,适用于一个特定的领域,不存在一种普遍适用的、可以解决任何问题的学习方法。

(二)人工神经网络

人工神经网络(Artificial Neural Network),简称神经网络,就是以联结主义研究人工智能的方法,以对人脑和自然神经网络的生理研究成果为基础,抽象和模拟人脑的某些机理、机制,实现某方面的功能。国际著名神经网络研究专家Hecht Nielsen对人工神经网络的定义是:"人工神经网络是由人工建立的以有向图为拓扑结构的动态系统,它通过对连续或断续的输入做动态响应而进行信息处理。"

人工神经网络是人工智能研究的主要途径之一,也是机器学习中非常重要的一种学习法。人工神经网络可以不依赖数字计算机模拟,而是用独立电路实现,极有可能产生一种新的智能系统体系结构。

1.与生物神经元的区别。主要有以下几点:①生物神经元传递的信息是脉冲,而上述模型传递的信息是模拟电压;②由于在上述模型中用一个等效的模拟电压来模拟生物神经元的脉冲密度,所以在模型中只有空间累加而没有时间累加(可以认为时间累加已隐含在等效的模拟电压之中);③上述模型未考虑时延、不应期和疲劳等。

2.人工神经网络的构成。单个神经元的功能是很有限的,只有用许多神经元按一定规则连接构成的神经网络才具有强大的功能。神经元的模型确定之后,一个神经网络的特性及能力主要取决于网络的拓扑结构及学习方法。

(1)前向网络:网络中的神经元是分层排列的,每个神经元只与前一层的神经元相连接。最右一层为输出层,隐含层的层数可以是一层或多层。前向网络在神经网络中应用很广泛,如感知器就属于这种类型。

(2)反馈前向网络:网络本身是前向型的,与前一种不同的是从输出到输入有反馈回路。

(3)内层互连前馈网络:通过层内神经元之间的相互连接,可以实现同一层神经元之间横向抑制或兴奋,从而限制层内能同时动作的神经数,或者把层内神经元分为若干组,让每组作为一个整体来动作。一些自组织竞争型神经网络就属于这种类型。

第三节 智慧娱乐

娱乐是人追求快乐、缓解生活压力的一种天性。特别是在节奏越来越快的当今社会,适时的娱乐可以提高人的满足感,为后续的生活和工作提供动力。娱乐存在的意义巨大,我们每个人都离不开娱乐。如果生活中少了娱乐,我们的世界将会变得非常无趣。娱乐会给我们平淡的生活带来光彩,娱乐会使我们变得饶有趣味,娱乐会减轻社会人的心理压力与负担。

突如其来的疫情,对电影院、KTV 等传统娱乐场所造成了巨大的冲击,但也给在线娱乐平台带来了更多发展机遇。在疫情影响下,在线娱乐平台通过媒介优势,主动承担社会责任助力防疫抗疫,并由娱乐导向拓展到兼具资讯、社交、教育等 。

后疫情时代,在线娱乐内容各形态将进一步交叉结合,与电商、教育、文旅等业态也将深度融合。5G 时代下,AR、VR 等技术将为中国在线娱乐行业带来全方位的体系重构以及娱乐体验升级。

一、智慧娱乐的核心内涵

(一)智慧娱乐方式

1.摄影。随着手机摄影功能越来越多,图像捕获和修图技术也越来越强大,我们不再需要学习 Photoshop 这样的专业工具来修图,而 AI 也已经被用于图像增强的各个方面,以生成最佳的照片。

(1)时间旅行者:我们已经可以在历史中的任何时间将任何人放入任何照片中,通过 AI 可以更容易地获得更真实的视觉效果。

(2)整体制作:通过假人物、假背景和假照明生成一张完全虚构的,并且可以吸引他人关注的照片。

(3)照片修复:通过使用最佳光线、重新聚焦、重新定位、重新着色并转换到最佳视角,可以将一张坏照片变成摄影佳作。

(4)完美修图:利用 AI,可以让人变得更好看,把胖子变瘦,让老人变年轻,让疲倦的人变得精力充沛。

(5)即时标题:任何照片都可以利用 AI 标题生成器添加一个有趣的标题。

2.音乐。尽管未来几十年中,音乐本身并不会发生太大的变化,但音乐制作工具以及听众所接触的音乐背后的机制已经产生了巨大的变化。

(1)情绪匹配:当音乐可以与我们的情绪和心态同步时,每一首音乐都会成为我们的精神理疗师。AI 可以安抚我们的不安与焦虑,让我们的心态变得更加积极与健康。

(2)永不结束的音乐:AI 自动生成的音乐可以围绕某一特定的特征而不断变化,可以永远演奏下去,也可以根据需求而结束。

(3)全息现场表演:歌曲可以通过全息显示的方式展现,并可以从最初的乐队转变为跳舞熊、恶作剧鸭子、唱歌弹球机等各种可定制的全息形象。

(4)实时背景音乐:就像在电影中的背景音乐一样,AI 可以根据每个人生活中的每个瞬间自动生成适合当前环境的音乐。

3.幽默与笑话。当前的大多数 AI 都是基于大数据的分析,由于软件速度快且永不疲倦,因此在大多数简单任务的处理上,AI要优于人类。但人类的文化是与情感紧密融合的,这也是目前很多幽默娱乐节目的核心所在,但这也让AI在处理情感和情绪时会变得很困难。

幽默与笑话并没有固定的公式,而它们吸引我们的大部分内容取决于诸如语境、语调和肢体语言等微妙因素。未来的人工智能或许将以不寻常的方式通过逆向工程学会幽默。

(1)AI与人类的笑话:在未来的聚会上,在人和机器人之间进行笑话比赛将成为活动的焦点。

(2)适当插入笑话:在撰写冗长的文章时,可以在某行或某个点插入一个笑话作为标记,AI可以提供多种建议。

(3)缓解紧张情绪:当一个人特别紧张时,AI带来的一个小小的幽默将是缓解压力并重新调整情绪的好方法。

4.讲述故事。人工智能将重塑故事的创作和讲述的方式。当我们从被动的观察者转变为积极的参与者时,讲故事就会变得大不相同,我们每天都可以体验自己的“英雄之旅”。

(1)录制个人传记:使用AI记录故事,将更容易制作个人传记。

(2)终极大boss:当需要时,我们可以让AI从我们选择的任何电影和书籍中重新设计一个全新的大反派。

(3)永不结束的故事:随着时间的推移,AI会产生一个无数页的故事情节,且存在许多种剧情发展变化的线路。

(4)完美的结局:很多故事都以悬而未决的问题作为结尾,以引起读者的遐想。未来AI可以帮我们找到并完成最完美的结局。

5.电影制作。今天,我们已经拍摄了很多关于人工智能的电影。未来,AI将帮助我们制作电影,并彻底改变这个行业。今天,99%的电影作品都很平凡。未来,人工智能将成为一个强大的工具,并让传统电影制作变得更加省时且有趣。

(1)动态情节变化:AI可以根据观众的兴趣变化和剧院内的环境,及时转变情节,以使观众保持在最佳观影状态。

（2）虚拟电影明星：AI可以创造出完美演技的虚拟影星，而不再需要片酬过高的人类明星。

（3）完美的故事情节：最好的电影往往是情绪呈现过山车式的变化，人工智能将很好利用这一点，并根据每个场景、情节、变化来创造完美的故事情节。

（4）全息电影：在之前，电影从黑白走向了彩色。在未来，AI将为观影者带来真正的3D全息体验。

6.游戏。

（1）教育游戏化：很快，我们的学校将被一个精心设计的终身学习系统所取代，这个系统围绕着每个学生的兴趣和关注点而显现出高度的个性化。

（2）完全沉浸式运动：当摄像头和传感器被放置在球场上的每个球员身上时，作为观众，我们通过特殊的"体验头盔"，可以实时看到、听到、感觉到并成为任何体育赛事的一部分。

（3）生活游戏化：游戏很快就会完美地融入我们的生活中，几乎生活的每个方面都能够被实行游戏化的量化、评分、评级和比较。

（二）智慧娱乐设备

1.VR头盔显示器。头盔显示器（Head Mounted Displays，HMD）是专门为用户提供虚拟现实中立体场景的显示器，一般由以下部分组成：图像显示信息源、图像成像的光学系统、定位传感系统、电路控制机连接系统、头盔及配重装备。两个显示器分别向两只眼睛提供图像，显示器发射的光线经过凸透镜折射产生类似远方的效果，利用这个效果将近处物体放大至远处观赏而达到所谓的全像视觉。HMD可以使参与者暂时与现实世界隔离，完全处于沉浸状态，因而它成为沉浸式VR系统不可缺少的视觉输出设备。

图像显示信息源是指图像信息显示器件，一般采用微型高分辨率CRT或者LCD等平板显示器件。CRT和LCD是最常用的两种设备，CRT具有高分辨率、高亮度、响应速度快和低成本的特性，不足之处是功耗较大、体积大、质量大。LCD的优点是功耗小、体积小、质量小，不足之处是显示亮度低、响应速度较慢。

头盔显示器可以根据需要设计成为全投入式或半投入式。全投入式头盔显示器将显示器中的图像放大、畸变等相差矫正以及中继等光学系统在观察者眼前成放大的虚像；半投入式头盔显示器是将经过矫正放大的虚像投射到观察者眼前的半反半透的光学玻璃上，这样显示的图像就叠加在透过玻璃的外界图像之上，观察者可以得到显示的信息和外部的信息。

头盔的定位传感系统是与光学系统同等重要的一部分。它包括头部的定位和眼球的定位。眼球的定位主要应用于标准系统上，一般采用红外图像的识别处理跟踪来获得眼球的运动信息。头部的定位提供位置和指向等6个自由度的信息，头盔上装有位置跟踪器，可实时测出头部的位置和朝向，并输入计算机。计算机根据这些数据生成反映当前位置和朝向的场景图像并显示在头盔显示器的屏幕上。

2.数据手套。数据手套是虚拟仿真中最常用的交互工具。数据手套设有弯曲传感器，弯曲传感器由柔性电路板、力敏元件、弹性封装材料组成，通过导线连接至信号处理电路；在柔性电路板上设有至少两根导线，以力敏材料包覆于柔性电路板上，再在力敏材料上包覆一层弹性封装材料，柔性电路板留一端在外，以导线与外电路连接。它把人手姿态准确实时地传递给虚拟环境，而且能够把与虚拟物体的接触信息反馈给操作者，使操作者以更加直接、自然、有效的方式与虚拟世界进行交互，大大增强了互动性和沉浸感，并为操作者提供了一种通用、直接的人机交互方式。它特别适用于需要多自由度手模型对虚拟物体进行复杂操作的虚拟现实系统。数据手套本身不提供与空间位置相关的信息，必须与位置跟踪设备配合使用。

除了能够跟踪手的位置外，数据手套还可以用于模拟触觉。戴上这种特殊的数据手套就可以以一种新的形式去体验虚拟世界。使用者可以伸出戴手套的手去触碰虚拟世界里的物体，当碰到物体表面时，不仅可以感觉到物体的温度、光滑度以及物体表面的纹理等集合特性，还能感觉到稍微的压力作用。虽然没有东西阻碍手继续下按，但是往下按得越深手上感受到的压力就会越大，松开时压力又消失了。模拟触觉的关键是获得某种材质的压力或皮肤的变形数据。

二、智慧娱乐的应用

HoloLens是微软开发的一种全息影像头戴设备。HoloLens内置处理器、传感器,并具有全息透视镜头及全息处理芯片,无须连接手机、计算机即可使用。

HoloLens是增强现实眼镜,戴上它之后,就好像微软现场所演示的,会在现实的世界里混入虚拟物体或信息,从而进入一个混合空间中。它会将人的头部移动虚拟成指针,将手势作为动作开关,将声音指令作为辅助,帮助切换不同的动作指令。

相比Google Glass,HololLens的工作环境是室内,以提供新的交互方式来帮助人更有效地工作,或者展示新的娱乐方式。相比Oculus Rift,HoloLens不会把人封闭在全新的虚拟世界里,所以并不妨碍人们面对面交流。

HoloLens具备CPU、GPU等硬件,是个独立的计算机。不过,真正让它变得犹如"魔法"一般的关键是自带的深度摄像头以及HPU。HoloLens深度摄像头通过随机的激光散斑对空间进行"光编码",对整个空间进行标记,以此来检测人体的运动。在正式运行之前,HoloLens需要对整个空间进行编码,然后才会显出虚拟图像。同时,头盔上的视觉单元会自动测量瞳孔间的距离而且自动校正,以适应人眼。

传统的人机交互,主要是通过键盘和触摸,包括并不能被精确识别的语音等,HoloLens的出现,给未来体验更好的人机交互指明道路。相比于手机,穿戴式设备更加便携小巧,也具备更丰富的交互方式。目前,HoloLens已公布的功能包括:HoloLens投射新闻信息流、HoloLens模拟游戏、HoloLens观看视频和查看天气以及HoloLens辅助3D建模。

但是,HoloLens真正大规模使用还需要克服几大难关:首先,设备发热问题。普通3D游戏都可以令GPU温度上升至90摄氏度,而作为头戴式设备的HoloLens显然对温度更加敏感。一方面是利用HPU技术的革新,去减少设备的发热量,另一方面是提高设备的散热效率,通过设备的两侧进行散热,尽量避免人的头部感受到热量;其次,续航时间。续航时间是用户对电子设备最关心的要素之一,而且头戴式设备重量必然有限,不可能简单通过增加电池容量来提高续航力。尽管不可能要求穿戴设备能够一直佩戴而不充电,但是用户肯定是有3—5小时的心理预期,否则频繁充电肯定极大影响用户体验;最后,分辨率指标。分辨率是增强现实体验的核心指标,作为用户当然希望分辨率越高越好,但分辨率过高也会影响到耗电与发热指标。

三、智慧娱乐的基础技术

(一)虚拟现实的发展史

虚拟现实技术是对生物在自然环境中的感官和动作等行为的一种模拟交互技术,它与仿真技术的发展是息息相关的。中国古代战国时期的"风筝"就是模拟飞行动物与人进行互动,风筝的拟声、拟真、互动的行为是仿真技术在中国的早期应用,它也是中国古代人们试验飞行器模型的最早尝试。西方发明家利用风筝的飞行原理发明了飞机,美国发明家 Edwin A.Link 发明了飞行模拟器,使操作者能有乘坐真正飞机的感觉。1962年,Morton Heilig发明了全传感仿真器,蕴含了虚拟现实技术的思想理论。这三个较典型的发明都蕴含了虚拟现实技术的思想,是虚拟现实技术的前身。

1968年美国计算机图形学之父伊凡·苏泽兰特(Ivan Sutherland)开发的第一个计算机图形驱动的头盔显示器及头部位置跟踪系统,是虚拟现实技术发展史上一个重要的里程碑。此阶段也是虚拟现实技术的探索阶段,为虚拟现实技术的理论发展奠定了基础。

随后,虚拟现实技术从研究阶段转为应用阶段,广泛运用到了科研、航空、医学、军事等领域。虚拟现实技术的应用领域逐渐扩大,如美军开发的空军任务支援系统与海军特种作战部队计划和演习系统,虚拟的军事演习也能达到真实军事演习的效果;国内则开发了虚拟故宫、虚拟建筑环境系统、桌面虚拟建筑环境实时漫游系统等。近年来随着技术的不断升级与成本的不断下降,软硬件生态环境日趋成熟,至2015年,VR进入了新一轮的快车道。不少厂商重新燃起了对VR的兴趣,竞相发布各类产品或公布即将推出的相应产品。这一活跃氛围也带动着国内中小厂商同时跟进,进而形成了火热的VR产业,2016年被称为虚拟现实元年,VR呈现爆发式增长,当时人们预测VR市场规模3年内将超过159亿美元。VR的基本现状是投资狂热、大厂云集、终端剧增。

(二)虚拟现实的概念

虚拟现实又称灵境技术,即本来没有的事物和环境,通过各种技术虚拟出来,让人感觉如真实的一样。

虚拟现实是以沉浸感、交互性和构想性为基本特征的计算机高级人机界面。它综合利用了计算机图形学、仿真技术、多媒体技术、人工智能技术、计算机网络技术、并行处理技术和多传感器技术,模拟人的视觉、听觉、触觉等感官功能,使人能够沉浸在计算机生成的虚拟境界中,并能够通过语言、手势等自然的方式与之进行实时交互,创建了一种近人化的多维信息空间。虚拟现实就是要创建一个酷似客观环境、超越客观时空、使人能沉浸其中又能驾驭它的和谐人机环境,即由多维信息所构成的可操纵的空间。

虚拟现实是建立在计算机图形学、人机接口技术、传感技术和人工智能等学科基础上的综合性极强的高新信息技术,在军事、医学、设计、艺术、娱乐等多个领域都得到了广泛的应用,被认为是21世纪大有发展前途的科学技术领域。

由于沉浸感、交互性和构想性的英文单词的第一个字母均为I,所以这3个特征又通常被统称为3I特性:①沉浸感(Immersion)。又称临场感、存在感,是指用户感到作为主角存在于虚拟环境中的真实程度;②交互性(Interaction)。在虚拟环境中,操作者能够对虚拟环境中的对象进行操作,并且操作的结果能够反过来被操作者准确地、真实地感觉到;③构想性(Imagination)。除一般计算机所具有的视觉感知外,还有听觉感知、力觉感知、触觉感知、运动感知,甚至包括味觉感知、嗅觉感知等。

虚拟现实最重要的特点就是"逼真"与"交互"性,环境中的物体和特性按照自然规律发展和变化,让人犹如身临其境般感受到视觉、听觉、触觉、味觉和嗅觉的变化。

（三）虚拟现实系统的分类

在实际应用中，按其功能不同将虚拟现实系统划分为以下4种类型。

1.桌面式虚拟现实系统。它是利用个人计算机或图形工作站等设备，采用立体图形、自然交互等技术，产生三维立体空间的交互场景，利用计算机的屏幕作为观察虚拟世界的一个窗口，通过各种输入设备实现与虚拟世界的交互。

桌面式VR系统具有以下特点：①缺少完全沉浸感，参与者不完全沉浸，即使戴上立体眼镜，仍然会受到周围现实世界的干扰；②应用比较普遍，对硬件要求较低，成本也相对较低。

2.沉浸式虚拟现实系统。沉浸式虚拟现实系统利用头盔式显示器或其他设备，把参与者的视觉、听觉和其他感觉封闭起来，提供一个新的、虚拟的感觉空间，并利用位置跟踪器、数据手套、其他手控输入设备、声音等使参与者产生一种身在虚拟环境并能全心投入和沉浸其中的感觉。沉浸式系统具有高度的沉浸感和实时性。常见的沉浸式VR系统有：①基于头盔式显示器的系统；②投影式虚拟现实系统；③远程存在系统。

3.增强式虚拟现实系统。增强式虚拟现实系统是把真实环境和虚拟环境结合起来的一种系统，既允许用户看到真实世界，同时也能看到叠加在真实世界上的虚拟对象。增强式VR系统的真实世界和虚拟世界在三维空间中融为一体，并具有实时人机交互功能。常见的增强式VR系统有：①基于台式图形显示器的系统；②基于单眼显示器的系统；③基于透视式头盔显示器的系统。

4.分布式虚拟现实系统。分布式虚拟现实系统又称DVR，是一种基于网络的虚拟现实系统。在虚拟环境中，位于不同物理环境位置的多个用户或多个虚拟环境通过网络相连接，或者多个用户同时参加一个虚拟现实环境，通过计算机与其他用户进行交互并共享信息，从而使用户的协同工作达到一个更高的境界。

分布式VR系统具有以下特点：①各用户具有共享的虚拟工作空间；②伪实体的行为真实感；③支持实时交互，共享时钟；④多个用户可用各自不同的方式相互通信;⑤资源信息共享以及允许用户自然操纵虚拟世界中的对象。

(四)虚拟现实技术

虚拟现实技术综合了多媒体技术、计算机图形技术、人机交互技术等多学科技术,其中立体显示技术、环境建模技术、体感交互技术是虚拟现实技术的关键技术环节。

1.立体显示技术。人类从客观世界获取信息的80%来自视觉,视觉信息的获取是人类感知外部世界、获取信息的最主要渠道。在视觉显示技术中,实现立体显示技术是较为复杂和关键的。立体显示技术是虚拟现实的关键技术之一,它可以使人在虚拟现实世界里具有更强的沉浸感,立体显示技术的引入可以使各种模拟器的仿真更加逼真。因此,有必要研究立体成像技术并利用现有的计算机平台,结合相应的软硬件系统在显示器上显示立体视景。

由于人两眼之间有4—6厘米的距离,所以实际上看物体时两只眼睛中的图像是有差别的。两幅不同的图像输送到大脑后,看到的是有景深的图像。这就是计算机和投影系统的立体成像原理。立体显示技术主要有分色技术、分光技术、分时技术、光栅技术以及全息技术。

2.快捷建模技术。快速建模技术是通过几何图形模型库、3D扫描仪以及Kinect深度照相机等技术手段与工具,快速有效地对真实物体进行数据收集并转化为数字信号进行自动建模,可在虚拟世界展现真实世界中的场景,相比传统建模技术省略了许多复杂程序,建模效率得到极大提升,已成为场景建模的主要手段之一。快速建模过程中常通过次世代游戏技术及场景分块、可见消隐等方式对场景建模进行优化,以确保虚拟现实系统的运行效率与流畅性。

虚拟环境建模的目的在于获取实际三维环境的三维数据,并根据其应用的需要,利用获取的三维数据建立相应的虚拟环境模型。只有设计出反映研究对象的真实有效的模型,虚拟现实系统才有可信度。在当前应用中,三维建模主要是三维视觉建模。三维视觉建模可分为几何建模、物理建模、行为建模和听觉建模。

　　3.体感交互技术。体感交互技术主要实现虚拟现实的沉没特性,在交互的过程中满足人体的感官需求。目前,基于该类技术研发的体感设备种类繁多,如有智能眼镜、语音识别、数据手套、触觉反馈装置、运动捕捉系统、数据衣等。

参考文献

[1]陈静,徐丽丽,田钧.人工智能基础与应用[M].北京:北京理工大学出版社,2022.

[2]董洁.计算机信息安全与人工智能应用研究[M].北京:中国原子能出版社,2022.

[3]郭军.信息搜索与人工智能[M].北京:北京邮电大学出版社,2022.

[4]李远征,曾志刚,刘智伟,等.现代人工智能技术[M].北京:机械工业出版社,2024.

[5]林祥国,计惠玲,张在职.人工智能与计算机教学研究[M].北京:中国商务出版社,2023.

[6]刘丽,鲁斌,李继荣,等.人工智能原理及应用[M].北京:北京邮电大学出版社,2023.

[7]卢盛荣,黄志强,陈雪云,等.人工智能与计算机基础[M].北京:北京邮电大学出版社,2022.

[8]王刚.人工智能概论及应用[M].北京:北京邮电大学出版社,2024.

[9]王洪亮,徐婵婵.人工智能艺术与设计[M].北京:中国传媒大学出版社,2022.

[10]薛亚许.大数据与人工智能研究[M].长春:吉林大学出版社,2023.

[11]杨星,徐玉发,梅林海,等.人工智能在经济领域的应用[M].广州:华南理工大学出版社,2023.

[12]杨阳.人工智能基础与实践[M].北京:北京邮电大学出版社,2024.

[13]周俊,秦工,熊才高.人工智能基础及应用[M].武汉:华中科技大学出版社,2021.

[14]周翔.人工智能伦理困境与突围[M].长春:吉林大学出版社,2023.